망한 건축가 다시 일어서기

시골 주택 리모델링 A House, Renovated

망한 건축가 다시 일어서기
시골 주택 리모델링 *A House, Renovated*

펴 낸 날　2022년 10월 7일

지 은 이　박태욱
펴 낸 이　이기성
편집팀장　이윤숙
기획편집　이지희, 윤가영, 서해주
표지디자인　박태욱
책임마케팅　강보현, 김성욱
펴 낸 곳　도서출판 생각나눔
출판등록　제 2018-000288호
주　　소　서울 잔다리로7안길 22, 태성빌딩 3층
전　　화　02-325-5100
팩　　스　02-325-5101
홈페이지　www.생각나눔.kr
이 메 일　bookmain@think-book.com

• 책값은 표지 뒷면에 표기되어 있습니다.
　ISBN 979-11-7048-447-9(13540)

망한 건축가 다시 일어서기

시골 주택 리모델링 *A House, Renovated*

박태욱 저

생각나눔

박태욱 「천국은 어디에」

대학, 대학원에서 건축 설계디자인과 실내 건축학을 공부하며 20대 후반에서부터 노년에 이른 이제껏 건축 실무자로서 또는 대학에서 실무교육자로 살아가던 동안 수많은 보람과 시행착오를 겪어 온 지난날들, 어느덧 이렇게 시간이 쌓여 옛 이야깃거리 소재가 많아졌다.

　세상의 많은 선배, 동료, 후학들이 그러하였을 듯한 생각이 들고, 나 또한 그들 중 많은 사람들과 비슷하거나 같은 길을 가고 있을지도 모른다는 생각이 든다. 그래서 많은 그들 또는 비전공 일반인들도 지금부터 펼쳐보려는 나의 이야기에 귀를 기울여주며 가끔 고개 끄덕여주지도 않겠냐는 바람을 가져본다.

박태욱 「그림자 놀이 조명」

　이야기를 시작하려니 건축 실무를 접하는 동안 나의 마음가짐과 행위들에 관한 성찰부터 하게 된다. 대학 졸업 후 건축설계 사무실에서의 힘찬 출발 시간, 실무경험이 한 해씩 쌓이며 제도판 위에서의 연필, 0.5mm 샤프선 긋기 연습- 그 당시 CAD는 상상도 못 했다. -이 끝나고 제법 실무에서의 건축도면을 제작할 수 있었을 때 성취감에 젖어 나도 건축에 입문하였다고 자부했던 귀여웠던 시기가 있었고, 한 해씩 실무경험이 쌓이며 마치 건축을 다 이해함을 넘어서 섭렵하고 있다는 자존감과 건방짐이 하늘을 찌르던 그 시절들.

현재 모습 '작업실(studio) 겸 놀이 공간'

편안하고 괜찮았던 월급쟁이 시절, 돌이켜 보면 소위 사회성이 지극히 부족하였던 고집불통과 자유로운 영혼을 갖고자 투쟁하였던 겁 없던 시절이었다. 위에 계시던 분들 내가 얼마나 미웠을까…. 참 죄송한 마음이 이제야 든다.

회사의 업무량이 적다 하여 안전하고 앞이 탄탄한 회사를 걷어차고 나와 여행이나 할 정도의 짧은 영어 회화 실력만 믿고 미국회사와 같이 진행하는 한국 대형백화점 프로젝트매니저로 특채되어 한국과 미국을 오가며 간은 있는 대로 부었다.

르 꼬르뷔지에, 안토니오 가우디, 훈데르트 바써, 안도 다다오, 김중업, 김수근, 김원 등 님들의 작품집과 저서 등에서 부러움과 반감 등이 엉키어 나만의 디자인을 추구하고픈 젊은 날의 욕구가 팽배하던 시기, 주변 상황의 변화와 맞물려 서울 서초구 어느 한 널찍한 독립건물을 임대하여 직원을 채용하고 건축디자인회사로서의 첫발을 내딛던 시절, 꿈은 클 수밖에 없었다. 운 좋게도 오픈하자마자 밀려오는 건축의장, 실내건축 프로젝트에 자신감이 붙으며 건축과 실내 건축잡지에 정기적인 기고를 의뢰받는 등 활발한 순항의 시간들이었다.

그러나, 항시 비용이 뒤따르는 현실 속에서의 번잡함에 건축에 대한 순수성은 조금씩 뒤로 밀려나고 사업상 이윤 창출이라는 명분으로 합리화시키며 행하였던, 돌이켜보면 자주 비양심적인 행위— 당시 만연하였던 돈벌이가 되는 마감 재료 선정, 견적 작업 시 숫자 놀음 등 —들에 조금씩 오염되어 가는 것이 자연스러워졌다.

현재 모습 '본채 앞마당'

십수 년을 운 좋게도 일 좀 달라는 프로젝트 구걸 내지는 영업을 한 번 하지 않고 용케도 운영을 잘했다. 회사 운영과 동시에 이십여 년을 시간강사, 겸임교수로서 실무를 강의하는 동안 나를 바라보며 나의 이야기 한마디들을 마치 건축, 실내건축의 바이블인 양 귀담아들어 주던 대학생들에게 상당히 송구스러워진다.

현재 모습 '본채 실내 진입부'

건축의 실무자로서 긴 시간을 도시에서 또는 해외에서 기고만장 뛰던 시기, 화려한 업적, 많은 개인 스토리 등은 이제는 뒤로 남겨놓고. 나는 조그만 시골에 작은 땅을 마련하여 살 수밖에 없는 현실이 되었다. 망한 것이다. 머릿속이 하얘지며 되뇌는 생각들, 분명 나는 방만하게 살았거나 사회적 처세 테크닉의 부족함으로 인하여 패망했음을 인정하지 않을 수 없었다. 그렇지 않았다면 지금도 서초동, 또는 세검정 작업 테이블에서 옐로우페이퍼에 콘테를 폼 나게 끄적이며 건축의 실내외공간을 건방지게 가르고 있었을 것이다.

그러나, 작금의 이 안온함이 분명 또 다른 시작을 예고하고 있음이 피부로 느껴지는 것은 전장의 포화 속에서도 사랑이 움트듯 제3의 사춘기가 도래하는 것이나 아닐는지. 후후….

현재 모습 '본채 거실 천창(top light)'

현재 모습 'studio 장식 조명 alcove'

현재 모습 '마당 진입부'

　자신만만하게 종이 위에 스케치 선을 긋고 설계실 직원들에게 지휘자랍시고 아이디어를 넘겨 체크하며 클라이언트에게 프리젠테이션 하고, 다시 시공팀에게 큰소리도 치고, 지내 온 수십 년 세월 속에 은근한 프라이드로써 TV에, 잡지에 나의 실적들을 "여기 있소."하며 건축 철학, 내 잡다한 실무 실적 등을 자신 있게 내보이던 시절들이 부끄럽다.

　남에게 지시하며 저절로 쌓여가는 실적과 겉으로 늘어나는 회사 자산의 규모는 저절로 나를 방만하게 만들었다.

현재 모습 '본채 주거공간 거실'

　프로젝트는 책임질 터이니 회사 운영을 쉽고 편안하게 디자인 업무에만 열중
하라는, 후에 부도를 내고 사라질 클라이언트 모 백화점의 M&A 제안을 안일
한 마음으로 덥석 받아들인 나의 경솔함이야 누구를 탓할 것이며, 내 탓이라 치
부하더라도 연쇄적 파장으로 해산되어야 하는 나의 회사 식솔들과 협력업체들의
피해는 없어야겠다는 오기 내지는 정의감에 세검정의 주택을 파는 등 부족한 대
로의 빚잔치 후 나에게 남은 것으로 서울 근교에 자그마한 헌 집이 있는 대지를
구하였다.

부동산에 무지한 나는 인터넷을 뒤져 남은 예산으로 갈 수 있는 경기도 일원의 현지 부동산 중계 업소들을 물색하기 시작하였다. 턱없는 예산으로 고심하던 중 비가 많이 오던 어느 여름날 양평군 어느 구석진 곳에 후보지가 한 군데 나섰다. 현지에서 만난 중계인의 안내로 빗길 속에서 도착한 현장. 이제껏 누리던 나의 주변 분위기와는 비교될 수 없는 오지의 느낌에 먹먹해지는 머릿속.

기존 주택 입구

그러나 그대로 돌아설 수 없는 현실이라는 것을 깨달으며 냉정과 이성을 안은 채 안으로 들어선다. 장기간 사람이 살지 않은 곳이라 음산하다. 그러나 장마철 눅눅하고 여기저기 비가 샐 분위기의 실내가 의외로 건조하다.

기존주택 실내

게다가 천장엔 여기저기 거미줄이 있다. 흐음…, 비가 새지 않는 집이로구나, 그럼 일단 됐다. 전기는 들어와 있고 지하수를 뽑아 올리는 펌프도 작동되며 물맛이 싱싱하다. 결정하자 여기로! 여기에서 한번 시작해 보자.

나의 건방과 경솔함에 보속을 한다는 마음으로 아직도 근력이 남아있는 내 몸에 지시를 내린다. 시공 전문가, 보조 인력의 힘을 빌리지 않고 어디 한번 나만의 쉼터 내지는 개인 스튜디오를 만들어 보자꾸나.

기존주택 외관

세검정 그곳에 건축가로서 보람 있는 건축가 자신의 집을 지어 TV에 건축잡지 등에 인터뷰하며 뿌듯해하던 그 집과 양평군 오지 현장의 이 모습에서 오버랩 되던 머릿속의 영상들…. 호화롭지는 않았어도 가끔 지인들과 모여 하모니를 이루던 음악이 배인 높은 천장의 거실, 자동 스위치로 스르르 열리던 차고의 셔터는 이곳에 없다.

욕실은커녕 화장실마저도 마당 저편에 소위 '푸세식'으로 '존재'한다. 전형적인 옛날 시골 주택이다. 대문과 담장 등은 없고 둘러싸인 수목이 경계를 이루고 있는 이곳은 아무나 들락거릴 수 있는 그런 곳이다. 나처럼 개인 생활을 중히 여기는 사람들에게는 너무나 황량한 곳이다. 후에 알고 보니 사생활, 프라이버시를 위해 경계를 치는 나를 마을 사람들은 이상하게(수상하게) 여기고 있었다는 것을 누군가를 통해 듣게 되었다. 나 원 참….

기존주택 외관

기존주택 외관

일단 재래식 화장실만은 마을 설비업체의 신세를 지어 수세식 양변기와 정화
조를 설치하고 샤워를 매일 하지 않으면 잠을 못 자는 습관 된 결벽성은 현장에
서 기술자들이 동절기에 시공을 위해 물을 덮여 쓰던 방식으로, 전기 코일을 써
서 고무통에 가득 데워 바가지로 퍼서 쓰리라.

　　인터넷 라인을 깔아 외부와 소통은 해야지. '이제부터 네가 겪어 온 경험을 하
나씩 기억하고 모든 공정을 네 손으로 직접 이 터에 접목시켜 시작해 보아라.' 최
소한의 생리적 욕구 문제를 훈련병 때의 기지(?)로 해결해 나가며 퍼즐을 하나씩
새로 끼워 맞추어 나가 보자.

기존주택 주방

기존주택 실내

기존주택 실내

아무리 쉼터 또는 개인 작업실이라도 소위 건축가로서 주먹구구로 작업을 시작할 수는 없잖은가? 클라이언트가 없으니 프리젠테이션은 없을지라도 건축의 기본프로세스는 따르기로 하자. 용도, 기능, 구조 등 공간의 전개 과정을 간이식으로라도 풀어가 보자. 제대로는 아닐지라도 스케치북에 나만이 아는 공정과 아이디어들을 노트해 가며 썼다 지우기를 반복하며 하나씩 풀어나가기 시작한다.

그러는 과정에서 차곡차곡 건축의 총체적 계획과 시공에 관하여 배우고 겪고 가르치고 착오하였던 지난날들을 돌아보며 반성과 복습, 그리고 더 나아가 그래도 내게 칭찬할 것은 해주고 또 잘못한 부분에는 죗값을 치르게 하자는 나만의 룰을 정하면서 출발한다.

기존 주택 외관

나이 좀 들었답시고 주저앉아 내가 겪은 모든 일의 공과에 점수나 먹이며 평가하고 막을 내리면서 '어른 흉내' 내고 있기에는 너무 이르지 아니한가? '아이 큰 것이 어른'이라고 하지 않는가?

그러니 아직도 아이로서의 유효기간이라는 이상한 논리로서 우겨보자. 고리타분한 관념에서 벗어나고 유행 따위를 추구하지 않으며 말로만 건축의 경제성을 뇌이지 말고 어디 한번 내 쉼터 만들기— 리모델링이라고까지는 칭하지 못하겠다. —를 통하여 잘못 갔거나 착각하였던 생각들을 더듬어 나가보자, 여유 있게.

기존주택 외관

본채에 붙어있는 창고 공간을 최대한 이용하고 기능상 부족한 곳은 최소한 덧대어 나가자는 쪽으로 가닥을 잡는다.

우선 현황실측을 하자. 무엇이든지 나 혼자 한다는 생각을 다시 한번 다짐한다. 지저분하고 복잡한 곳을 실측하느라 레이저 포인트 룰러를 제대로 써먹는다. 예전 같으면 물건 치워 내고 비집고 들어가 줄자를 들이대었을 것인데 그리고 오차가 나서 여러 차례 그 작업을 하였을 터, 세상 참 좋아졌다. 단번에 밀리미터 단위까지 찍혀 나오는 문명의 이기에 감사할 뿐.

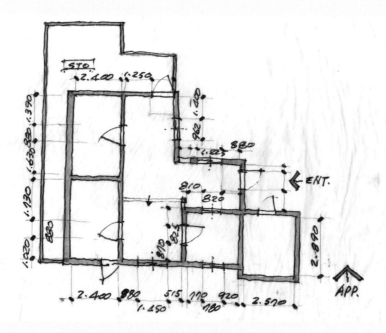

현황실측 스케치

🔍 공간의 용도

나는 이곳을 건축설계 디자인과 더불어 나의 오십 년 언더그라운드 기타연주 곁들인 파퓰러뮤직 생활, 그리고 긴 세월 기합 지르며 수련하던 나의 운동들을 마음 놓고 생활하는 나만의 자유로운 작업공간으로 만들어나갈 것이다.

아무리 많은 돈을 준다 해도 이제는 건축시공 업무는 하지 않을 것이다. 클라이언트 입장에 서서 그들이 살 공간의 내용에 충실하고 시공자들을 수십 년간 겪어온 나의 노하우로써 충실하게 계도 및 의논하며 건축을 재미있게 하고 싶다. 이름하여 humming architect의 작업실이다. humming(콧노래, 원기 왕성한) 그 뜻이 아주 마음에 드는구나.

현재 입구 대문

마당에서는 나의 체력 관리를 위해 수십 년 수련하였던 검도 등 옷을 벗고도 마음 놓고 활개 치며 몇 가지 운동 등을 할 수 있는 감추어진 공간이 충분하다. 또 어찌 보면 전공을 위한 스케치 연필보다도 기타를 더 가까이하고 살아 온 반평생이다. 올드팝, 깐쬬네, 제3세계의 매력 있는 곡들을 연주하고 노래 부르며 가까운 사람들을 불러 모여 앉아 가벼운 파티도 할 수 있는 리셉션 쉼터를 만들자.

건축설계 디자인을 위한 공간이야 양팔 폭만큼의 스케치 테이블과 가벼운 모형을 만들 작은 테이블, 그리고 컴퓨터와 신반 정도만 있으면 충분할 것이다.

현재 진입부 마당

자, 이제 공간을 가르는 스케치를 시작하자.

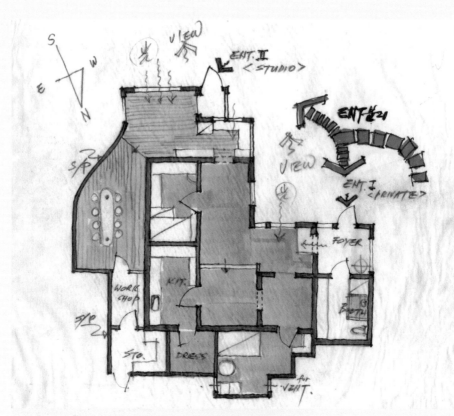

평면 계획 스케치

몇 번의 수정을 거듭하여 이와 같은 공간 분할이 되었다. 전에 살던 사람, 방풍실이 없이 어찌 이 추운 양평지역에서 살았을까 싶다. 기본직으로 전실을 구획하고 창고 및 뒷마당을 이용하여 주거공간과 작업공간 겸 노는 공간 둘로 나누어 각각의 외부 진입구를 분리하고 내부에서는 성격이 다른 두 공간을 오갈 수 있도록 하자.

　기존 시멘트 블록 조의 열악한 구조는 흔들지 않기로 한다. 그 위에 어떤 마감 재료이든 덧붙여 나가 보자.

기존 실내공간의 바닥 비닐장판은 모조리 걷어 내어 오랜 기간 머금고 있던 습기와 곰팡이를 제거 한다. 건물 내외 어느 곳이든 수평 수직이 맞아떨어지는 곳이 없구나. 그런 것은 차후에 하나씩 해결하기로 하고 내 외장 구조 및 마감 재료를 선정하자. 우선 돈이 들지 않아야 하겠지…. 혼자서도 이동시킬 수 있도록 가벼우며 내구성 있어야 하고 쉽게 구할 수 있는 재료를 선정하자. 마감 상태의 결정은 구조체를 세워가며 해도 늦지 않다. 클라이언트를 의식하지 않는 나만의 건축작업에서 사치스러울 정도로 생각의 자유로움을 맛본다.

흐음…, 기존 주택의 마감재 위에 덧붙이거나 새로 장만해야 할 재료로써는…. 생각이 요동치다 하나씩 정리돼 간다. 주거공간은 기존 재료 위에는 내 손의 터치감을 살려낼 수 있는 **핸디코트**로 하여 회벽(stucco)의 입체감과 속도감을 마음껏 내지르자.

작업공간(studio)의 구조체는 탐탁지 않지만 흔한 **샌드위치 패널**을 쓰자. 아연도 양면 철판에 스티로폼 단열재가 샌드위치로 된 패널은 가벼우며 녹이 슬지 않아 외부창고로 많이 쓰이는 재료이지만, 몇 년을 사용할지 모르는 간이 건축물에서야 어떠하랴?

두께는 50mm, 75mm, 100mm 등 다양하지만 조수 없이 혼자서 들어 올릴 수 있는 50mm 패널로 결정하자. 두께가 필요한 곳에는 두 겹으로 쓰자. 두 겹 또는 세 겹으로 덧붙여 두터워질수록 단열, 방음, 구조체로써의 역할을 충분히 할 수 있겠다는 산술적 머리를 써본다.

인터넷을 뒤져 중고 샌드위치 패널 취급하는 곳을 여러 군데 찾아놓고 전화하여 가격을 비교해본다. 새것과 비교할 수 없을 정도로 값이 저렴하다. 패널을 세울 구조재는 근방에 있는 제재소를 직접 찾아가 구하자.

가격 저렴하며 단단하고 내구성이 뛰어난 목재 중 하나는 단연 국산 낙엽송이라고 재료학 강의 시간에 학생들에게도 알려 주었던 것을 내가 활용하는구나. 재료선정이 되었으니 현장에 들어갈 재료의 물량을 산출하자.

수십, 백여 가지의 재료를 밤새워 산출하던 적산 경력을 생각하면 이 정도의 물량산출은 일도 아니로구나. 오히려 골치 썩이던 일에 비하니 재미마저 솔솔 난다. 나만의 쉼터, 작업실을 남의 힘 빌리지 않고 나의 많은 실무를 통한 경험에서 얻은 기억과 체력을 믿고 내 손으로 최대한 구두쇠 되어 한땀 한땀 뜨개질하듯 지어보기로 맘먹고 나니 주변에서 버려지거나 고물로 팔려지는 건축자재의 구매, SUV에 스키캐리어를 얹어 제재소에서 직접 목재를 실어 나르는 일들에 대한 기대와 실행에 마냥 흥이 붙는다.

납작하고 세련된 세단형 고급 승용차들을 처분하고 한동안 걷거나 불편한 대중교통편을 이용하다가 구입한 이곳 지형에 걸맞고 마구 다뤄도 되는 중고 SUV가 사랑스럽다.

기존주택 뒷마당

    마당 뒤 켠 흐트러져있던 창고의 자리가 맨손 둥근 삽질로부터 하나씩 파헤쳐지
며 땅이 평활하게 펼쳐지는 동안 소위 마스터플랜은 이미 스케치북과 머릿속에서
구체화 되기 시작한다. 이제부터 이야기는 스스로 일하며 휴대폰으로 기록해 두
었던 장면들과 스케치 등으로써 하나씩 프로세스를 전개하여 나가게 될 것이다.

    이야기는 다음의 순서대로 엮어 나가고자 한다. 처음에 주로 작업공간(studio)
의 간이 축조로 시작하여 중간 또는 후미에 기존 본채 및 마당, 지붕 등을 다루
어 나가게 될 것이다. 혼잣말 또는 친구에게처럼 웅얼거리며 전개해 나가기도 할
것이다. 그러니 가끔 교양이 없을 수도, 문법과 시제가 안 맞을 수도 있을 것이
다. 진행 도중 과거와 현재의 장면이 두루 섞여 공간의 예상과 설명을 도울 수도
있고 뒤섞인 시제와 거친 공사 마감 상태의 사진으로 인해 혼동될 수도 있겠다.

contents

1

터 고르기

본채 뒤편의 창고 자리 터를 둥근 삽 하나로 다듬기 시작한다.

둥근 삽 하나로 흙과 잡석을 이리저리 퍼 나르며 잡초더미와 창고의 잡다한 물건들을 정리하고 평면 계획에 따라 구획하여 놓으며 실측해 놓은 스케치도면과 현장(?) 상황을 융통성 있게 살짝 변경 또는 조절하며 옛날 현장에서의 실무와 다르지 않음을 느껴 본다. 방식만 원시적일 뿐. 레이저 수평기, 레벨기는 없다.

물방울 수평기와 긴 막대 그리고 나의 예리한 데생력(혼자서 무슨 소린들)으로 스스로에게 "어이 박씨! 그렇게밖에 못해?" 하며 일인 다역의 모노드라마를 연출한다. 소위 '갑'이자 '을'과 '병'의 역할이다. 쉼터 가장자리는 캠핑 시 텐트 주변에 고랑을 파서 물길을 내듯 기초 토목(?) 공사를 먼저 시작한다.

studio 현재모습

현장 땅 고르기를 하던 자리의 현재 모습이다. 이런저런 형태를 다양하게 구상하며 기초 터 닦기를 계속한다만 클라이언트와 약속된 일이 아니기에 유동적 또는 즉흥적으로 계획이 바뀌기도 한다.

2

기초 말뚝 박기

콘크리트 건축물의 기초매트를 깔고 footing을 하기 위해 사방에 흩어져 있는 시멘트 블럭을 주어 모은다. 적절한 간격으로 footing을 안배하자. 맨땅에 시멘트 블럭 기초를 해 보았자 경량인 샌드위치 패널을 설치한다 하여도 시간이 지나면 벽체와 바닥 판의 부동침하를 막을 길이 없을 것이라는 생각에 정식 토목공사에서 지반에 파일을 박고 그 위에 기초를 하듯 그 원리를 이용해 볼까?

구획 내에서 벽체와 바닥을 적절한 간격으로 나누어 기초파일 포인트를 나눈다. pile의 재료는…? 깊이는…? 사방을 둘러보니 여기저기 나뒹구는 철제 비계 파이프들이 보인다. 놓아두면 폐기물, 적소에 사용하면 재활용품. 우선 대략 1m 정도로 절단하여 포인트 위치에 해머질을 해 본다. 맨땅이라 쑥쑥 잘 박힌다.

그렇게 십수 차례 힘들여 박고 나니 드디어 한계점에 다다르는가 더는 들어가지 않는다. 굳이 지내력 검사를 하지 않더라도 육중한 해머로도 더는 박히지 않을 만큼 깊이 박힌 쇠 파이프는 내가 살아있는 동안에는 침하되지 않으리라는 겁 없는 확신이 선다. 억지로 힘을 가하여 몇 차례 가격을 더 한 후 그 위에 블록 한 장을 얹고 올라서 보니 사람은 물론 돌덩이를 올려도 끄떡없다. 성공이다. footing이 별거더냐, 회심의 미소가 솟는다.

footing의 개당 간격은 패널 한 장 양 끝 너비를 한 module로 정하여 적절히 나누어 설치하자. footing 블록 간의 수평이 유지되어야 지상의 모든 구조물이 같은 레벨을 유지하므로 긴 비계용 철봉을 양 블록 끝에 얹은 후 수평기로 섬세하게 체크하여 몇 번의 보충 해머질로 수평 유지를 위한 오차 높이 조절 후 연결 철물을 이용하여 각목 구조물을 설치한다. 이때 하부는 아스팔트 도료를 도포하여 장기간 흙에 묻혀도 부식됨을 방지하자.

footing 블록을 벽체의 모양대로 배치

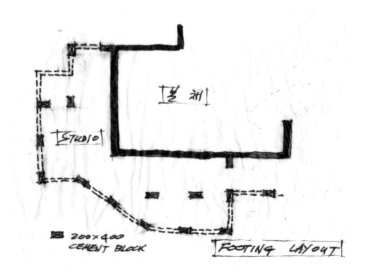

footing lay out

3

연결철물 구입

    각재나 쇠 파이프 등으로 구조 틀을 만들어야 하는데 목수도, 금속공도 아닌 나의 테크닉으로 어찌 구조를 엮을 것인가 고심 끝에 을지로의 철물 재료상을 답사한 결과 ㄱ형, 1자형 연결철물을 이용하기로 한다.

    각 1,000개 들이 연결철물을 구입과 동시 철판 및 목재용 나사못(스크류 또는 재료상에서는 피스라고 함)도 대량용 포장으로 구입한다. (나중에 계산해 보니 대략 2만 5천개의 나사못이 쓰였다.) 짧은 규격의 부재를 연결할 때 또는 구조 틀을 만들 때 황동도금으로 된 연결철물들은 필수적인 재료가 되었다.

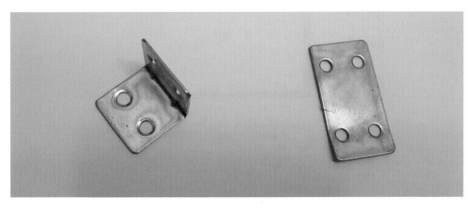

연결 철물

4

기초 반석 위에 간이벽체 세우기

샌드위치 패널은 이미 중고 건재상으로부터 산출된 물량에 의해 한 트럭 배송시켜 놓은 상태이다. 덤으로 철제 방화 문짝 세트, 유리가 끼워져있는 플라스틱 새쉬들도 필요하면 가져가라기에 얼른 챙겨왔다. win win이 이것이던가, 그들은 폐기물 처리하고 나는 버려질 헌 자재에 새 활력을 불어넣을 것이고….

제재소에서는 45mm 낙엽송 각재를 할증률(넉넉히 20%) 포함하여 계산한 물량으로 넉넉하게 주문하여 직접 싣고 운반하여 오는데, 길이가 3.6m 넘는 각재가 9개씩 1단 묶음으로써 보통 성인 두 명이 들어 올리기 가능한 무게이다. 비용과 시간 절감을 위하여 아직은 힘이 넘치는데 까짓거 직접 운반해 보자.

용역 노무자에게 잠깐 의뢰하자고 반나절 또는 하루 일당을 주느니 혼자 처리하는 것이 속 편하고, 무엇보다도 돈 안 들이는 일이 중요하다. 세상이 평등화되는 과정이라서인가 예전에는 대가만 제대로 지급하면 작업 오더를 잘 따라 주었는데 가끔은 일을 시키며 눈치를 봐야 하는 이상한 현상들이 도처에 널렸다.

'나도 나라면 난데…' 하는 자존감이 넘치다 못해 이상하게 모시던 상전을 마구 대하는 듯한 '완장' 찬 모습의 일꾼들이 늘었다. 제 몫을 다하는 성실함이 각 분야에서 당연하게 될 때 그 사회가 선진국일 터 '난 비록 이런 일을 하지만 너보다 낫다.'라는 것을 굳이 내세우며 진정한 프로의 모습을 스스로 깎아내리는 옹졸한 사람들 비위 맞추어 가며 하느니 혼자 하는 것이 얼마나 속 편한지…. 너와 나 똑같은 평준화가 아닌 너와 나 서로 다름을 인정해주고 할 일 제대로 하는 평준화가 되기를 이 와중에 기대해 본다. 일이나 할 것이지 공부 못하는 녀석들은 항상 이렇듯 생각을 자주 분산시키는 버릇이 있더라니까….

밴 지붕 스키캐리어에 얹어서 운반해 온 각재 묶음들을 집 앞에 내려놓고 한 묶음씩 화물 운반용 캐리어에 올려 마당 안쪽으로 옮겨 놓았다. 화물차 운반 비용마저 줄였으니 더욱 신이 난다. 반복되는 단순한 육체노동으로 인하여 머릿속을 지배하던 온갖 상념들이 하나하나 단순화되며, 얼굴은 그을리고 손의 마디뼈들은 가뜩이나 짤막한데 무거운 것들을 운반하느라 살짝 굽어진 것들이 생겨도 작은 기쁨과 보람으로 소시민의 단순한 행복을 맛보기까지 한다.

일을 마친 저녁, 몸을 씻고 굽은 손가락으로 기타를 잡고 몇 곡을 읊조리니 손가락뼈 굽은 것과 기타연주는 아무 상관이 없다, 됐다. 예전 회사 규모의 예산과 업무의 프로세스에서는 상상도 못 할 이런 일들이 남은 생에서의 겸허한 생활로 내 의지와 상관없이 나를 이끌어간다.

footing 위에 철제파이프 및 낙엽송 각재로 패널 고정용 구조틀 설치

footing 바깥쪽보다 돋구어진 바닥 전체에 방습용 비닐을 깔고 패널을 고정할 것이다.

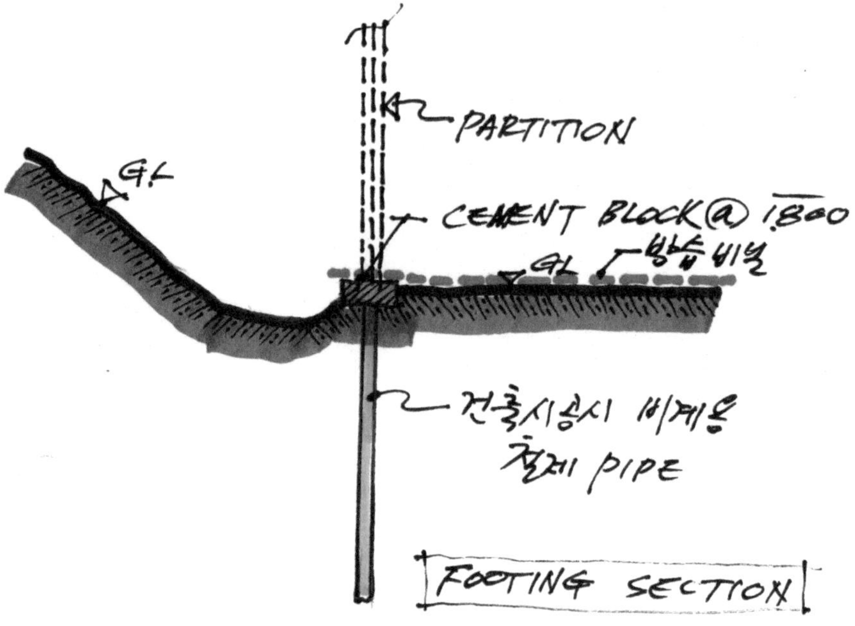

PARTITION

CEMENT BLOCK @ 1800

GL 방습 비닐

GL

건축시공시 비계용
철제 PIPE

FOOTING SECTION

기
초
반
석

위
에

간
이
벽
체

세
우
기

45

패널을 덧대어보며 전개될 구조에 대한 구체적 형상화가 시작된다.

저 가축우리 구조로 보이는 틀 안의 완성될 모습을 그리며 막걸리를 한 사발 들이키고 장마철 외부 물길 및 지붕용 구조 틀의 경사 등을 구상하며 땀을 식힌다. 50mm 외부용 패널을 고정하여 골격을 세운 후 45mm 각재 안쪽으로 다시 50mm 패널을 덧붙여 '145mm 패널 공간 붙이기'가 된다. 조적조의 공간 쌓기 원리가 여기서도 통용된다. 방음과 단열에 홑겹 또는 두 겹을 붙인 것보다 훨씬 유리하겠다. 그리고 철판은 4겹이 되니 내구성도 좋을 것이다.

현재 studio— 완성될 모습이 그대로 재현되는 것은 아닌 듯하다.

　사진 속의 결과는 구조 틀을 만들 때부터 계획된 것은 아니었다. 그저 이 구조물이 빠르게 세워진 후 노는 쉼터나 나만의 studio를 차근차근 만들어나가고자 하였던 생각이었는데 이 자리가 연주, 노래하는 공간으로 그리고 지인들과 먹고 마시는 용도로밖에 사용할 수밖에 없게 된 이유는 중간의 쇠 파이프가 지붕을 받치는 구조재가 되었기에 이것을 이용하여 bar를 중심으로 발상의 전환을 하였기 때문이다. 아니면 전에도 언급했듯이 전공인 건축보다 음악 세계를 꿈꾸어왔던 잠재의식이 지배한 것이 더 큰 이유일 수도 있다.

5

우천 시 작업 대비 간이지붕 얹기

구조틀 위에 외부용 패널과 지붕을 임시로 얹어 고정해 나간다.

우천 시를 대비하여 임시로 얹는 지붕이라지만 결국은 이것을 바탕으로 마감을 할 것이니 지붕 기초공사라고 칭해야겠다. 50mm 샌드위치 패널의 양면 철판을 얇은 쇠막대 자를 이용하여 스티로폼과 분리 후 더욱 가벼워진 철판을 형태에 맞게 함석가위와 그라인더를 이용하여 자른 후 하부에서부터 겹쳐 붙여 나간다.

분리된 스티로폼은 후에 실내에서 다시 형태에 맞추어 실리콘 등을 이용하여 재조립시켜 방음 및 냉 난방재료로 쓸 알뜰한 생각을 하며 꼼꼼히 묶어 놓는다.

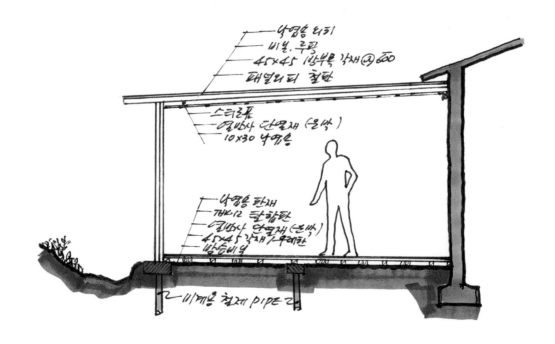

단면 스케치

6

실내 빗물막이 공사

　　맨땅에서는 항시 습기가 올라오고 우천 시에는 100mm 이상의 빗물이 흐를 것에 대비하여 패널을 경계로 외부와 내부의 지면 고저 차이를 충분히 이루고 롤로 판매하는 대형 두 겹 비닐을 실내 전체에 깔고– 폭이 900mm 규격이므로 박스 포장용 테이프로 긴밀히 붙여서 이어 나간다. –그 위에 바닥 구조 틀을 만들어 얹으면 습기는 물론 혹시 패널을 넘어 들어오는 빗물까지 그 비닐 하부로 흘러 빠져나갈 수 있도록 흙바닥에 약간의 경사를 주도록 한다.

　　건설 현장에서의 지하수 배출용 유공관까지 묻으려 하다가 지상인 관계로 비닐에 테이핑을 충실히 하여 끝내기로 한다. 비닐은 태양광 아래에서는 일 년을 채 버티지 못하고 경화되어 부서지는 경우가 있지만 실내 또는 흙 속에서는 수십 년 그 기능을 충분히 한다.

　　자연분해가 안 되어 지구환경에는 안 좋다는 정보를 역이용하는 가난한 촌부여…. 제대로 된 방습 처리 방법이 여러 가지가 있음을 알고 지시를 하거나 가르치면서도 정작 내가 사용할 이 공간은 돈 안 들이겠다고 살짝 꾀를 부리고 있으니 혹여 다시 정식으로 재건축을 하게 되는 날이 온다면 반드시 재활용 폐기물처리 하리라는 다짐도 해 본다.

7

내부 바닥 기초 및 단열, 간이방수(방습)공사

　자, 이제 실내 빗물막이 공사에서 결정한 비닐 공법(?)을 기초로 하여 본격적인 바닥 판을 위한 기초공사를 하자. 수십 명이 밟을 수도 있는 바닥 판의 기초는 어느 한 곳에 하중이 편중되지 않도록 분산시켜야 하겠다.

　몸무게에 눌리어 바닥 구조 틀 하부의 비닐이 손상되고 습기 또는 빗물이 바닥 구조 틀에 스미게 되는 경우 아무리 낙엽송 각재이더라도 손상되고 그 냄새가 실내로 유입될 것이기에 바닥 비닐과 목구조 틀 하부에는 공기 숨구멍을 만들고 우레탄 발포제를 깔아 완충 역할을 해주도록 하자. 사방 격자로 하중이 분산되었기에 바닥이 울렁거리지 않으며 안정감이 생기니 좋구나.

두 겹 구조의 비닐은 맨땅의 습기를 차단하여 줄 것이다.

목 구조 틀 하부의 발포우레탄은 의외로 단단하며 은근한 쿠션이 있다.

롤로 형성된 비닐은 길이 80m 폭 900mm짜리를 택하였기에(일반적으로 1,800mm까지 구할 수 있다.) 물이 흐르는 방향 쪽을 길이 방향으로 하고 900mm 쪽은 박스 테이프로 긴밀히 붙여서 나름 철저한 방습 대비를 한다.

간이 목구조이기에 바닥 단열은 1차 흙바닥 위의 비닐과 곧이어 시행할 바닥 공사에서 롤 형태의 열 반사 단열재(표면 은박, 이면 PE폼－얇은 스티로폼 형태)로써 충분하리라 결론짓는다. 실내는 슬리퍼를 신고 다닐 것이니 냉기만 없으면 될 것이므로….

단순한 몇 가지의 재래식 공구와 재료를 가지고 하나씩 생각대로 세팅되는 바닥의 모습에 잡념이 스밀 틈이 없다. healing은 정신적, 신체적 치료 및 회복을 하기 위함일 터, 이 일은 힐링에 생산까지 더 하게 되니 또다시 흥이 돋는다.

8

바닥 판 기초공사

바닥 구조재를 시공하였으니 이제 좀 더 구체화된 바닥의 형태가 드러날 차례로구나. 튼튼한 목 구조 틀을 더욱 견고하게 붙잡아주며 시공 편리성에 내구성까지 있을 재료는 역시 두터운 합판이다.

합판의 규격이 일반적으로 폭 3feet 또는 4feet, 길이 6feet 또는 8feet이고, 두께는 바닥용이라면 12mm나 15mm 정도는 돼야 하는바 비용이 만만치 않다. 번득 스치는 생각, 건축시공 현장에서의 콘크리트 제작용 방수 코팅된 합판을 몇 번 사용한 것을 콘크리트용 form 틀에서 분리하여 따로 모아서 '탈 합판'이라고 칭하여 판매하는 것이 생각이 난다.

마침 규격은 표준형이 폭 600mm, 길이 1,200mm로 되어 있으니 나의 벤으로 운반하기도 쉽고 가격 또한 상상 이하로 저렴하니 연거푸 흥이 솟는다. 구석이 많은 실내작업에서 소형 합판의 시공 편리성은 말로 할 수 없을 정도로 편하다.

인터넷으로 검색하니 수많은 판매업소가 있어 몇 군데 체크 후 직접 방문하여 필요 면적에 넉넉한 할증을 하여 구매 후 휘파람 불며 실어 나른다. 이 또한 운송료를 줄이니 진작 좀 이리 알뜰하게 살 것이지 하며 조금 더 자란다.

표면이 거친 탈 합판으로 이리저리 맞추어 나간다.

현재 모습 -거친 탈 합판 위에 다시 이런 마감재로 덧씌우게 될 것이다-

　합판 재 하부의 비닐 밑으로 흐르거나 생성될 수 있는 습기의 배출을 위해 몇 군데에 숨구멍을 확보하자. 욕실 배수구 커버가 몇 개 있으니 그걸 쓰기로 하자. 일반건축물도 천장 속 등 폐쇄된 공간은 숨구멍을 마련해야 하듯 반드시 만들지 않으면 곰팡이의 서식처가 될 것이다.

　물이 스미어들지 않더라도 지면과 실내의 온도 차이로 필연적으로 결로현상에 의한 습기는 차기 마련이다. 그것은 통풍(통기)으로써 반드시 설치해야 한다.

9
천장 공사

패널 분리 후 생긴 스티로폼은 이렇게 다시 천장 단열재로 재활용한다.

현재 모습 −스티로폼 위에 다시 열 반사 단열재를 커버하고 가는 낙엽송 각재로 러프하게 마감하게 된다−

패널을 분리하여 만들어진 도금된 강판은 부식도 안 되고 가벼워서 지붕재로 시공하기에 편리하다. 그 하부의 각재 격자(사진)에 패널 속에 있던 스티로폼 규격이 제멋대로이고 두께도 일정치 않지만, 실리콘 실란트를 이용하여 무식하게 채워 나가니 단열효과가 충분치는 않지만, 의외로 괜찮다. 일반건축물 내부처럼 반듯한 면의 형성은 기대하지도 않은 터, 이왕 거칠게 된 면이니 디자인 컨셉을 거칠음, 자연스러움(rough, natural) 등으로 설정한다. 정방형의 정돈된 형태가 아니기에 단열재 채우는 일에 시간이 많이 소요된다.

단열재 위의 마감을 천(fabric)을 생각하였으나 생각해 보니 화목 난방과 가끔 안줏거리 등을 실내에서 구울 때의 냄새가 오랜 시간 경과 후 찌든 냄새가 배는 것을 고려하여 구입해 놓은 열 반사 단열재를 마감재로 쓰면 냄새 배는 것도 방지하고 단열 보충 효과도 있으니 그것을 쓰기로 한다.

열 반사 단열재만 붙이고 나니 가끔 떨어지기도 하고 모양도 천막집 내부 같아서 고정도 시키고 거친 자연스러운 효과를 보고자 두께 10mm 폭 30mm 졸대 형식의 각재를 무작위로 엮어 고정하여 나가니 기능에 더한 비정형의 패턴이 디자인 컨셉에 걸맞는 느낌이다.

조명구를 위한 CVF 로맥스 2.5 mm 전선은 여러 군데에 미리 배선하여 놓고 최종 마감 후 직간접 조명구를 부착할 때 쓰도록 한다. 전선은 벽체, 바닥에도 고루 배선해 놓아 콘센트, 조명용으로 대비하며 특히 전열과 전등선을 구분하여 누전차단기를 여러 군데 설치하는 것을 잊지 않는다.

현재 모습- 빛 조절용 천 블라인더를 두루마리 형식으로 만들어 부착-

현재 모습 -나뭇가지 그릴 위로 하늘의 보름달이 방안으로 들어 온다-

기존 건축물은 동남향이지만 지대가 낮고 북측의 구릉으로 인하여 실내가 다소 어두운 느낌이다. 인위적인 조명구보다는 천창(top light)을 구상하자.

각 방 천장에 최소 1개소 이상의 천창을 뚫기로 한다. 슬레이트 지붕이라 뚫기도 쉽다는 판단이 들고 별채 스튜디오도 만드는 판에 까짓거 그 정도야 하는 자신감. 혼자서 할 수 있다는 확신에 천창을 내어야 할 위치에 표시(marking)를 하고 그 자리를 톱으로 썰어 내니 오래된 천장 속의 퀴퀴한 냄새가 불쾌하구나.

천창을 만드는 김에 지붕 꼭대기 두 군데를 뚫어 무동력 배기구를 설치하기로 한다. 항시 바람에 의해 돌아가는 배기구로 인해 천장 속의 냄새는 사라진다. 아무리 옛집이지만 숨구멍조차 없는 지붕틀이라…. 그저 비바람만 막으며 견디는 시골집이었다.

천창 위치의 기존 마감재를 다 잘라 내고 잘린 부위의 단열재 등을 다 치우고 네모진 각 모서리의 수직 선상에 드릴로써 구멍을 뚫으니 어두운 천장 속에 네 개 광명의 빛줄기가 쏟아져 들어 온다. 이제 지붕에 올라 뚫어진 네 개의 구멍을 연결하여 줄을 긋고 그라인더로 슬레이트를 잘라 내고 내려와서 보니 '하늘이 내게로 온다.'라는 박두진 시인의 시구가 생각난다.

빗물이 들이치지 않도록 슬레이트 밑에 유리를 끼우고 주변을 긴밀하게 실리콘 실란트로 막으니(caulking) 훌륭한 천창이다. 해와 달, 비와 눈 그리고 구름과 날아다니는 새와 낙엽까지 그대로 '내게로 온다'. 눈부심 조절은 천 커튼 그리고 굳이 기성 그릴만을 채용하지 않고 어떤 곳은 마른 나뭇가지로 얽어 놓아 디자인 컨셉에 맞은 '자연(natural)'을 실내로 끌어들이며 기성 기하학 패턴의 격자 그릴의 기능 역할을 충분히 하게 한다. 아니, 충분하다기보다 월등한 자연미에 그 기능까지 더하게 되니 금상첨화가 다시 생기누나.

기존 건축물의 실내 천장 마감 재료는 이미 구상되어 진 핸디코트로서 터치를 시작한다. 건축 현장에서 이음새 등을 메꾸어 나가거나 페인트 작업 기초 재료로써 주로 쓰이는 핸디코트는 의외로 회벽(stucco)의 느낌이 그대로 재현되는 값싸고 편리한 재료이다. 외부용과 내부용으로 구분되는데 실내에만 쓸 것이니 값도 저렴한 내부용으로 구입한다.

기존 벽지 및 미장합판 등 하부재료를 가리지 않고 전천후로 접착이 좋으니 혼자서 하는 단순 작업에 좋고 저절로 실내의 재료에 대한 통일감을 이루게 되니 디자이너로서의 기초적인 것- 통일성, 균형, 리듬, 대비, 질감 등 -중 몇은 따고 가는 것이라는 자위도 한다.

기존 주택 –미장 합판 천장–

현재 모습 –미장합판 면 위 핸디코트 자유 터치–

핸디코트의 터치는 붓 또는 쇠나 고무로 된 주걱(putty knife– 헤라라고 불림)으로 자유롭게 되는데 벽면은 먼지가 쌓일 수 있으니 주걱 자국으로 날카로워진 면을 마른 붓 터치로 부드럽게 하여 먼지가 쌓이지 못하게 한다. 천장 면은 먼지 쌓일 염려가 없으므로 날카로운 면이 살도록 쇠주걱으로 힘차게 긁어 나가니 그림자가 싱싱한 패턴을 만들어 주며 벽체의 온화한 터치와 질감에서의 변화를 줌으로써 조화를 이룬다.

거친 패턴 속에서는 굳이 정교한 다듬질이 필요치도 않고 또 걸맞지도 않으니 울퉁불퉁한 옛집의 바탕 면을 마구 덮어 나가며 성취감을 바로 느끼고- 다음 날이면 단단히 굳는다. -일의 효율성이 오른다.

10

벽체 공사

현재 모습– 기존 벽체의 개구부는 모두 떼어내고 아치 형태로 부드러움을 추구한다.

현재 모습- 핸디코트를 덮어 나가는 도중에 떠나간 옛 동료를 그리며 실루엣 벽화 한 컷

창틀을 철거하고 탈 합판으로 기워 막은 후의 모습

현재 모습– 핸디코트로 터치를 하고 간접조명을 켜니 제법 멀쩡한 alcove가 된다.

시각적으로 가장 비중 있게 취급되는 벽체는 이 공간의 성격을 규정짓는 가장 큰 요소일 것이라는 생각에 은근히 잔신경이 많이 쓰인다. 거저 얻어온 창틀의 규격대로 개구부를 뚫어 채광창 위치를 확보하고- 신발에 발을 맞춘다던…. 옛날 군대식이다. -막고 싶은 창 등 기존 개구부는 탈 합판을 이용하여 좀 무지하더라도 일단 두드려 막아 핸디코트의 터치로서 커버하고, 부드러운 선으로 아치의 구릉을 만들고 싶은 곳은 얇은 합판이나 건축모형 만들려고 사다 놓은 2mm 폼보드로 간단히 구부려 스테플러와 박스 테이프 등으로 고정시킨 후 또다시 만만한 핸디코트로 마감하니 언제 사각의 개구부였던가 싶게 부드러운 아치가 생긴다.

약간의 액세서리로써 마시고 난 빈 와인 병을 깨뜨려 조각들을 핸디코트 터치 후 건조되기 전 그 위에 여기저기 적절히 붙여- 툭툭 꼽아서 넣기만 하면 된다. -놓으니 이 또한 자유로운 공간의 성격을 준다고 보는데 글쎄다….

본 공사 중 두바이 해외 장기 출장 업무 중에 작고한- 이웃에 맡기고 간 녀석은 사고로, 또 한 녀석은 가출 후 납치되어 복날의 제물이 된 듯(근방에 사육장이 몇 군데 있기에 추측일 뿐이다)한 이 끔찍한 한국의 시골 문화 -레브라도와 코카스파니엘 그리고 고양이가 문득 그리워 핸디코트에 원두커피 찌꺼기를 적량 섞어 warm grey 색을 만든 후 한쪽 벽면에 실루엣으로 새겨 놓으니 마음에 조금이나마 위로가 된다.

기존 주택– 알미늄새쉬는 철거하여 개방감을 주고 창 너머는 다른 공간으로 사용하므로 막는다.

현재 모습– 창 아래에 credenza 형식의 장을 만들고 간접조명과 한지 그림으로 패턴 형성

잡동사니 수납장과 판재들을 이용한 credenza 제작 과정

버려질 기존의 싱크대 수납장들을 기초로 덧붙여 나가며 credenza를 만들고 뒷면의 공간 활용을 위해 막아놓은 창문 뒤에 간접 등을 설치하여 실제 창문과 같은 시각적 효과를 준다. 이렇듯 핸디코트와 벽체 간이 붙박이 가구를 만들어 가며 또 하나의 벽체 부분이 마무리된다.

현재 모습

  credenza를 만들고 아치의 곡선을 부여한 후 벽체 상부와 천장의 코너는 삼각형 간접 등을 설치하여 기존의 경직된 형태에서 벗어나려 애를 쓴다. 새쉬를 떼어낸 자리는 각재, 또는 판재로서 홈을 채운 후 목재 표면에 페인트용 잉크를 칠하고 파라핀 양초를 녹여 부어 근거 없는 역사적 유추로써 마른걸레로 문질러 수십 년을 지낸 듯한 antique 느낌 연출을 시도해 본다(상당히 고심 끝에 결정한 방법이다.).

역시 생각대로 굳이 우레탄 바니스나 래커 등 기타 화학적 도료를 쓰지 않고도 습기와 먼지를 충분히 통제하는 것을 체험하며 다시 한번 고정 관념에서 벗어나는 성공적 체험을 한다. 다양한 고건축의 도장 방식이 있으나 나는 민초들의 주먹구구 방식을 찾아가는 중이기 때문이다. 아득한 옛날 아마도 이런 식— 화학적 파라핀은 없었을 테니 밀납이나 기타 기름 등으로 —으로 했으리라는 확신마저 든다.

이렇듯 너덜너덜하던 샌드위치 패널의 표면이 핸디코트와 약간의 데코레이션으로 인해 전혀 새로운 세상을 보게도 된다는 생각이 들며 시계 재료상에서 무브먼트와 시계침 부속을 사서 벽시계를 만들어 붙이고 연필의 터치 그리고 모자이크 타일 조각 등으로 '시간으로 내닫는 우주의 편린'이라는 제목도 붙여가며 쉬엄쉬엄 노동과 창작의 시간을 즐긴다.

조형성의 유무는 차치하고 나만의 창작물을 가져본다는 것은 건축의 객관성과는 또 다른 주관적 창작 의욕을 부가적으로 충족시켜준다. 남의 작품 평하기 좋아하는 사람들 의식할 피곤함도 없고 그저 나만 좋구나. 후후.

이것 또한 번듯했던 조직을 잃어버리고 난 후 억지로 일어서려는 가운데 주어지는 자그마한 선물 중 하나일 것이다. 어느덧 짧지만 곧았던 손가락 마디는 서너 개가 굽었고 팔꿈치는 자주 새큰거린다만, 돌아올 월말 결재 건과 세무회계 결산보고 등의 골머리로부터의 해방감에 차라리 온몸이 시원하다. 손가락 마디는 굽었어도 기타 코드는 제대로 잡히니 노 프로블럼.

현재 모습– 벽면의 요철이 생긴 한쪽 벽면은 간접조명 벽체로서 핸디캡에 기능성을 부여한다.

비정형의 공간 안에 생기는 요철 공간(일종의 dead space)은 반드시 여기저기 생겨난다. 그대로 놓아두는 방법도 있고 이렇게 깊이 차이를 이용하여 조명 벽체로 반전시키며 직접조명의 눈부심을 피해 은은하거나 동화적인 모습의 연출이 가능하다.

이것은 부직포로 겉을 팽팽하게 당겨서 스테플러로 고정한 후 얇은 각재로 테두리를 씌운 것이며 전구 교체 시엔 스테플러 몇 개만 빼는 간단한 수고를 감내하고 만든 것이다. 반드시 편리한 개폐 장치가 있어야 한다는 것 자체가 사치라는 생각도 든다.

어릴 적 놀던 그림자놀이로써 종이를 오려 붙여서 입체감을 주니 기성 조명구의 매끈한 맛은 없지만 내 취향에는 잘 들어맞누나.

기존 주택 실내의 비뚤어진 벽체　　　　　　책 선반 작업 중

　본체의 벽면 수직 상태가 맞지 않는 곳은 굳이 벽체를 새로 세우는 시간과 수고를 덜기 위해 또다시 잔머리를 굴린다. 여기저기에 있는 각종 각재와 판재들을 활용하여 여기저기 흩어져 있는 족히 천여 권의 도서들을 수납함과 동시에 책들로서 수직면을 평활하게 보이도록 하자.

　책의 뒷면 여백이야 좀 비뚤어지면 어떠하랴 싶다. 도서류의 폭을 감안하여 수직을 유지하며 공간을 확보하니 그 생각이 들어 맞는다. 뒤쪽으로 들어설 studio의 입구를 위해 헌 문짝은 떼어내고 아치형 개구부로 오픈시키기로 한다. 본채 몇 군데에 있는 개구부의 형태와 조화도 이루고 작업하기에도 여러 차례 시도해 보니 노하우가 쌓여 이제는 만만하다.

비뚤어진 벽체가 책 선반으로 인해 수직을 이루며 다듬어졌다.

비뚤어져 있던 벽체와 창틀이 선반과 새로 뚫린 개구부 등으로 전혀 다른 모습으로 탈바꿈되었다. CD, 옛 video tape, 서책 류 등으로 역시 평활한 면을 이룬다. 평활한 면을 만드는 과정에서 생긴 두께로 인해 창턱 선반, 신발장 등이 생기는 시너지 효과도 누리니 흡족하다.

이 오래된 재목들을 이용한 선반들의 마감 역시 페인트용 잉크로 착색한 후 파라핀으로 표면처리를 하니 헌 재목들이라 더욱 앤틱한 느낌이 온다. 고 재목을 고기 구워 먹을 땔감으로 쓰는 것은 너무 아까운 일이다.

일부러 건조된 목재를 사거나 건조비를 더 주고 사는 형국인데 저절로 잘 마른 목재는 뒤틀림이 없고 이미 틀 곳은 다 터진 상태라 훌륭한 건축자재인 것을…. 이 모두 회사 운영 시 고재(자연 건조목)를 따로 구하려고 지방을 물색하던 때에 얻은 경험의 대가이다.

언제 비뚤어진 벽체였던가 하는 변화가 생겼다.

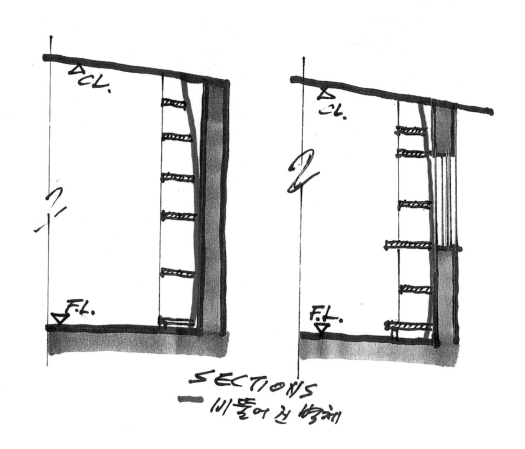

단면 스케치 (비뚤어진 벽체/책선반)

기존 주택 실내   변경 후 현재 모습

목재 출입 문짝이 있던 이 벽면은 문짝의 하부를 막고 상부만 오픈한 후 아치 형태로 치장하며 하부는 옛집에서 가져온 크레마마필 대리석 콘솔을 놓고 하부에 간단한 선반을 매어 잡다한 물건들을 넣는 수납공간으로 만들고 천으로 두르니 쓸만하다. 내부에 전구를 켜면 천을 통한 간접 분위기 조명이 된다.

11

바닥 마감 공사

기존 본체공간을 **주거공간**으로, 덧붙이거나 새로 만드는 작업공간을 studio로 양분하여 구획한바, 그 바닥의 재료선정은 가장 내구성이 있으며 시각적으로 질리지 않아야 한다. 그리고 역시 돈이 들지 않아야 한다⋯. 생각 끝에 정리가 된다. 주거공간의 모든 바닥 비닐장판은 걷어 낸 후 수십 년 차단되었던 공기를 쏘여 충분히 건조시킨 후 페인트 가게에서 황토 분을 구하여 물에 개어 붓으로 일일이 바르자. 다시 그 위에 우레탄 바니쉬(유광)를 4~5회 거듭 칠하여 도막을 두툼하게 입히자. 물과 웬만한 열에도 잘 견디며 질기고 가격 또한 저렴하니 선택을 잘 한 것 같다.

바닥의 난방보일러 배관은 이미 폐물이 되었으니 건드려서 복잡하게 하지 말고 그 위에 새로운 마감공사를 하자. 거실 부위와 침실은 잘 건조된 바닥에 와이어 매쉬를 깔고 그 위에 전기 열선을 온수 파이프와 같은 방식으로 고루 배선하고 다시 그 위로 시멘트 모르터 미장(전문가가 아닌 미숙함 덕에 터치감이 산다.) 후에 이 작업을 하기로 한다. 청계천2가를 돌아보니 전기히터 관련 재료상들이 많다. 몇 군데 방문하여 바닥난방용 재료 중 내가 설치할 수 있는 것을 택하여 용감한 도전을 한다. 재료들의 진화로 인해 상당히 여러 종류의 전기난방 재료가 있다. 피복이 입혀진 열선, 필름 방식 등 조금만 신경 써서 살펴보면 어렵지 않게 구할 수 있다.

작업공간 studio의 바닥은 어차피 슬리퍼를 신고 사용할 것이므로 앞의 사진 들에서 보았듯 낙엽송 판재로 다듬어지지 않고 오래된 듯한 느낌으로 처리하고 자 여러 차례 표면처리 실험을 한다. 페인트용 잉크와 원두커피 찌꺼기 그리고 핸디코트 등을 섞어서 마음에 들 때까지 농도 조절을 하며 길이 3.6m 이상, 폭 20~30cm, 두께 15mm의 정형화되지 않은 판재들을 끼워 맞출 궁리에 빠진다.

주거공간: 바닥 위에 열선과 미장 후 우레탄 바니쉬를 바르니 거친 바닥이 오히려 매력이 있다.

studio: 나름 심혈을 기울인 studio의 낙엽송 판재 바닥. 새 나무 판재로 보이지 않으니 성공이다.

studio 공간 바닥 마감 진행 과정

1. 자연건조 시킨 판재를 탈 합판 위에 방부 목재용 스크류로 나름 구성된 배치를 하며 부착해 나간다.

2. 페인트용 잉크를 부분적으로 칠해가며 핸디코트와 커피 찌꺼기를 섞은 것으로 틈을 메꾸거나 굵기를 한다.

3. 부분적으로는 커피 찌꺼기를 표면에 직접 칠하여 고색의 느낌 연출을 한다.

작업공간 studio 바닥 마감 진행 과정은 앞의 사진처럼 크게 세 단계로 나뉘어 작업한 후 역시 우레탄 바니쉬로 4~5회 두텁게 도막을 형성한 후 왁스로 마감한다. 비정형으로 인한 틈새들은 핸디코트, 톱밥, 안료, 원두커피 찌꺼기 등을 섞어 쇠주걱으로 마음 가는 대로 마구마구 그어대니 캔버스 위의 비구상 화면이 따로 없다며 스스로 즐긴다. 규격화된 flooring으로 쪽마루 깔듯 하는 방식은 재미가 없을뿐더러 비용도 많이 든다. 또한 규격화된 재료들은 그에 따르는 정해진 공법과 공구들이 있어야 하므로 본 작업의 성격과 아무래도 맞지 않는다.

12

욕실 공사

서두에 언급하였듯 애당초 실내에 화장실이 없던 집이었다. 이사할 시간에 맞추어 급히 수세식 좌변기와 정화조를 마을 설비업체에 의뢰하여 지하수 모터 펌프와 오래된 등유 보일러가 있는, 소위 보일러실이라는 곳에 설치하였다. 선택의 여지가 없는 장소다.

그 삭막함이란…. 한동안 샤워 등은 현장용 온수가열기로 물을 데워 임시생활을 하다가 주거공간, 작업공간 등 조금씩 구색이 갖추어지기 시작하자 이곳에 최소한 욕실의 기능을 부여하기로 하는 작은 사치 본능이 되살아난다. 해외 업무 등 출장 시 공백기도 고려하고 비용 절감까지 계산한바 전기난방 및 급탕방식을 택하기로 하였다.

욕조까지는 필요 없고 샤워부스와 세탁기 그리고 잡다한 소품들을 수납하기 위한 작업을 시작하자. 그러기 위해서 우선 공간을 차지하고 있는 보일러를 철거하고 그 자리를 붙박이 벽장으로 만들기로 작정한다. 사방에 널려있는 목재 조각들, 판재, 헌 문짝, 버리지 않고 가져온 사무실 집기 등을 이용하여 다시 재활용의 시작이다.

판재는 선반으로, 각재는 기둥으로, 헌 문짝 등은 벽장의 덧문으로 이리저리 끼워 맞추어 나가니 정신없이 흩어져 있던 폐품들이 하나씩 없어지며 그것들이 새로운 역할을 부여받아 효자 노릇을 한다. 발 디딜 틈 없던 곳이 조금씩 넓어지니 아이디어도 마구마구 솟는다. 온갖 잡지 중 건축 관련분만 제외하고 낱장으로 분리하여 덧문 및 노출된 선반 위에 꼴라쥬 작업을 한다. 언젠가 월간 연재 주택잡지에 기고하여 일반인들에게 아이디어로 제공한 것을 나를 위해 하게 될 줄이야, 세상 참….

꼴라쥬로 커버한 벽장 문

보일러를 철거하고 나니 깊숙한 벽장이 된다.

낙서공간 같은 욕실/화장실

　보일러와 지하수 펌프가 있던 공간이 세탁기, 샤워부스와 좌변기, 그리고 잡다한 소품을 수납할 수 있는 다용도(utility) 공간으로 재탄생 되었다. 낮은 개구부로 인해 방문객의 머리 부딪침 방지를 위해 산행용 비상식 쵸컬릿 포장지에서 오려 붙인 S E E, 나는 충분히 안 부딪치고 다닐 수 있다만….

shower 하는 booth가 샤워부스이거늘 뒹굴던 문짝, 새쉬와 유리로 막아놓으니 딱이다.
슬라이딩 문짝은 투명 골판 지붕재 1장을 구입하여 손잡이를 만들어 붙이니 기능이 산다.

온수는 전기온수기를 설치하고 지하수 펌프로부터 배관 된 여러 가닥의 파이프 등으로 어지럽혀진 것을 감출 겸 세면대 옆 보조 선반은 판재를 이용하여 만들었다. 선반 하부는 오픈되어 개폐 장치와 호스 등 여러 가닥이 엉키어 있다. 판재 면은 고운 사포질 후 본채바닥과 마찬가지로 우레탄 바니스로 여러 차례 바르니 물에도 강하여 쓸만 하고 수년에 한 번 겉면만 발라주면 자연 나뭇결이 오랫동안 질리지 않겠다.

세면기와 세탁기의 배수는 같이 바닥으로 노출 배수되어 드레인을 통해 하수관으로 나간다. 배수되는 물은 모두 샤워부스의 구획된 턱 안에 있으므로 실내로 물이 넘치지 않는다.

13
조명 공사

조명기구의 가격도 문제이고 너무 다듬어지거나 '나 여기 있소.'라는 조명기구 위주의 디자인은 미니멀한 공간에서는 산뜻한 맛이 있겠지만 제멋대로인 이 공간의 성격에는 도대체가 어우러지지를 않는다. 더욱이 직접조명 방식을 좋아하지 않는 나의 취향도 맞출 겸 조명 방식의 다양화를 시도해 보기로 한다.

아파트, 사무실에서 정수리를 향하여 내리쪼이는 빛은 사물을 식별하는 기능에는 최선이겠으나 얼굴이 예뻐 보이게도 못하고 커피 한 잔과 술 한 모금의 분위기에도 그다지 달갑지 않다. 구석진 곳(dead space), 책 선반 사이 공간, 벽체 시계, 콘솔 등 군데군데 광원을 만들어 반사시키거나 천이나 종이 또는 여러 가지 기구 등으로 한 번 거른 빛의 연출을 해본다.

조금 불편하여도 수동으로 나사를 풀고 조이며 전구를 갈아가며 써도 되지 않겠냐는 아날로그적인 생각은 비용 절감만의 이유가 아닌 어쩌면 '인간성 회복의 삶으로 귀환'이라는 작은 철학도 분명 담기어 있다. 언제부터 원터치와 자동이었다고⋯. 나는 옛날 사람이 확실하다. 삼파장 전구나 LED 전구는 수십 개씩 포장된 박스로 사다 놓고 쓰면 경제적이다.

선배인 조명계의 거장 박 모 교수도 이제는 현업에서 물러나 올드팝과 깐쬬네 등을 기타연주와 더불어 즐기며 자유롭게 살고 있으니 이렇게 내 마음대로 저지르는 자유로운 빛의 장난을 보고 무어라고 핀잔을 주지는 않으리라고 본다. 자유인이 자유를 인정할 것이니 말이다.

선반 공간의 한 칸을 할애하여 전구를 설치하고 목제 격자 틀에 기름종이를 붙여 간접조명을 만들고 자동차공업사에서 얻어 온 머플러 소음기를 이용하여 응용해 본 조명기구(?)는 의외의 시각적 효과를 누린다.

역시 책장 선반 하단의 한 칸을 같은 방식으로 조명 틀로 활용하여 바닥을 비추는 방식으로 하니 눈이 부시지 않고 쓸만하다. 내부에는 모두 11W 삼파장 전구를 채용하였다.

벽체에 파여진 홈에 전구를 넣고 기름종이
붙인 격자 조명

천장과 벽의 모서리를 이용한 간접조명

할로겐 라이트를 받은 시계의 반사된 벽면자체도
훌륭한 간접조명 역할

남는 공간을 이용한 조명 벽체

식탁 상부 천장 조명틀

300mm × 600mm 기성 원예용 격자를 구매하여 6개를 스테플러로 연결하여 한 틀로 만든 후 기름종이를 테이프로 고정하니 가벼우면서 은은한 조명 틀이 되었다. 11W 삼파장 전구는 수명이 길지만 교체할 때는 식탁을 밟고 올라 간단히 교체할 수 있다.

액세서리로 만든 조명 부케

구리로 만들어진 바구니가 있어 백열전구들을 한데 모아 연결하여 디머 스위치로 연결하여 밝기 조절을 분위기에 따라 다양하게 장난질할 수 있으니 재미있다. 내가 좋아하는 화가 친구가 보고는 하나 만들어 달라기에 기꺼이 해다 주니 좋아하고 나 또한 흡족하다.

studio BAR 위에 커튼 속 감으로 쓰이던 천을 늘어뜨려 만든 간접 조명등, 술맛 난다.

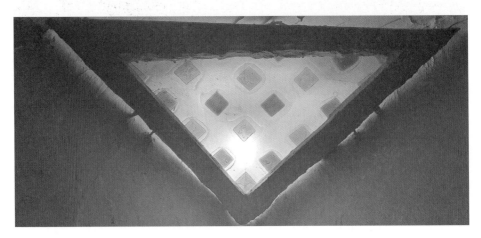

천장 코너 간접 등

커튼 안감, 괜찮았던 샐러드 유리 그릇의 파손 조각이 버리기 아까워 역시 재활용하여 새로운 장소에서 다른 역할을 하게 하니 또 그런대로 쓸만하구나.

아크릴 한 장 덮었을 뿐인데 간접조명이 된다.

　밤 문화 즐기기를 좋아하는 사람들에게 조명 방식은 상당한 비중이 있을 것이고 나 또한 그 부류이다. 지루하지 않으며 경제성이 있는 그리고 원시적이고 단순한 기구들이 필요하기에 다양한 형태의 신개념(?) 조명기구들이 탄생 되고 있다. 수개월에 한 번씩 전구 교체는 약간의 수고가 필요하다.

선반 하부의 공간에 설치한 조명 틀은 실내 간접조명 및 독서 등의 기능성이 있다.

천장의 모서리마다 삼각 조명 틀을 만들어 90도 꺾인 코너에 둔각의 부드러움을 추구하기도 한다.

쇠주걱 터치의 천장 면은 가끔 할로겐을 쏘아 그림자의 리듬도 즐기며 전체적으로는 간접조명의 효과

자동차 머플러 소음기 이용 조명기구

천을 이용한 코너 등

철망과 기름종이를 이용한 조명 틀

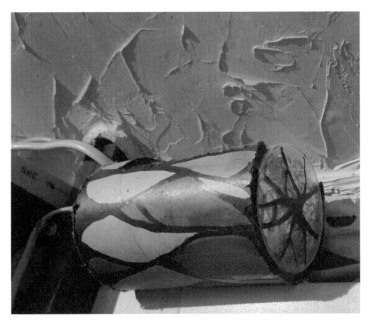

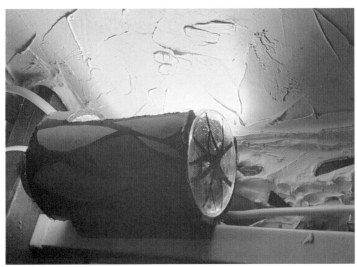

롤 트레싱지 종이심 파이프를 잘라서 패턴을 그린 후 전구를 설치하니 별미

14

실내 가구 집기 공사

포장 이삿짐 회사 직원들의 종로구 세검정에서 이곳으로 짐을 옮겨 온 그 순간 표정을 생생히 기억한다. 포장된 이삿짐들을 어디에 놓느냐고 내게 물을 때의 그 표정…. 대리석 바닥이 번쩍이던 그 저택에서 짐을 포장할 때와는 대조적으로 상당히 조심스럽고 더욱 공손해진 말투로 도저히 소화가 안 되는 이삿짐의 하역작업에 난감한 얼굴들. 출발한 집과 차마 비교가 되지 않는 공간의 협소함과 천장 높이 등으로 고심하는 모습에 내가 먼저 입을 열어 준다.

"편하게 생각하시고 일단 들여놓아만 주세요, 나중에 알아서 배치할 테니…."

350kg 무게가 되는 주철제 벽난로와 길이 2.4m 폭 1m의 대리석 식탁은 그 무게를 생각하여 대강의 위치에 장정 6명이 임시로 세팅을 하고 식탁은 길이가 안 맞아서 벽에 기대어 세워 놓는 것으로 마무리를 시켰다. 흔히들 있을 법한 보너스 식대 등의 요구나 표정은 전혀 보이지를 않는다.

혀만 쯧쯧 차지 않았을 뿐 이미 내게 그 소리가 들리는 듯하였다. 모든 것을 내려놓고 있었던지라 체면 따위의 사치는 이미 없다. 다만 물리적으로 불편한 상황일 뿐. 이제 이것들을 하나하나 재배치하거나 정리를 나 홀로 해야 한다.

앞서 말했듯 기존 집기들의 활용도를 이 장소에 맞추어 측정하여 해체 내지는 재활용으로서 새 생명을 부여하기로 한다. 흔히들 말하는 '위기를 기회로.' 등, 별 합리화의 이유를 만들며 의기 있게 달려든다, 겁도 없이. 목제 서류 박스 등은 벽장의 하단부 기초로써, 또는 해체하여 판재나 각재로써, 경첩과 장식물 등은 새로 만들 가구의 적재적소에 쓰며 쓰레기가 되어 나갈 짐의 분량도 줄이며 요령껏 행동 개시를 한다.

필자 설계 시공 거주 모 월간지에 실린 옛집 거실의 2.4m 대리석 식탁

수개월을 벽에 세워 두었다가 한쪽을 잘라 내고 현재의 식탁으로 만들고 잘라 낸 조각은 건너편의 콘솔로 탄생.
벽에 세워져 있던 대리석 판은 세워진 채 일부 절단하고 사다리 비계목 등으로 내려 생 쑈를 하며 혼자 설치.

필자 설계 시공 거주 모 월간지 발췌, 옛집 350kg 주물 벽난로

6인이 대강 놓아두고 간 벽난로를 지렛대를 이용하여 야금야금 움직여 혼자 설치

옛집의 천정고는 3.6m였고 현재는 2.1~2.4m이니 무거운 식탁과 벽난로의 설치 시공이 가장 힘들지만 포기할 수 없는 재산목록이다. 몇 가지 수입 고가 구들 역시 전과 같이 그 용태로 뻐길 수 없지만 그래도 군데군데 배치해 나가 니 조금씩 정리가 된다.

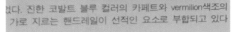
었다. 진한 코발트 블루 컬러의 카페트와 vermilion색조의
가로 지르는 핸드레일이 선적인 요소로 부합되고 있다

    좌측 사진의 월간지 게재 시 조그마하게 보이던 코너 장을 이곳에 갖다 배치하니 한가득 찬다. 상하가 분리되는 코너용 장은 그래도 옮겨 배치하는 것이 쉽다. 오크 원목의 서랍장은 워낙 무게가 나가 서랍을 하나씩 분리하여 옮겨야만 했다.

    옛집과 이곳, 가구의 공간 대비가 이리도 많이 차이 나는 것을 보고는 다시 한 번 엄청난 현실변화를 체감하며 어떤 의미인지 모를 침이 꿀꺽 삼켜진다…. 주물 벽난로, 대리석 식탁, 무거운 가구들이 하나씩 자리를 잡아나가는 동안 머릿속으로는 적재적소의 기능성 부여와 동시에 기존의 집기 등을 조합하여 새로운 모습으로 만들기 위한 구상을 시작한다.

많이도 못 마시는 막걸리 한두 잔 걸치고 얼큰한 상태에서의 단순 노동은 의외로 능률이 오른다. 힘도 나거니와 오히려 집중력이 생기고 온갖 복잡하던 머릿속이 일에 열중하느라 오히려 정화되는 '약리적 현상'마저 느낀다. 그래서 대학 다닐 때 농으로 약 마시자고들 하였다는 것을 이해하는 중이다.

작고한 조각가 사촌 형 박병욱의 유작들은 낯선 곳에 와서 비바람 맞추기 싫고 가까이 두고 싶어 기를 쓰고 지렛대를 이용하여 안으로 들여놓으니 마음이 흡족하다.

필자 설계 시공 거주 세검정 주택마당에 있던 박병욱의 조각상들 –모 월간지 발췌–

작업실 테이블 아래에 놓고 쓰던 서랍 서류 박스와 합판 조각, 판재 등을 이용하여 수납장을 만들고 외부는 아크릴 물감을 회화용 나이프로 터치하여 거친 실내 분위기와 조화시키느라 노력하니 그런대로 기능이 산다.

studio 공간 중간부에 간이지붕을 받쳐주는 주철제 비계용 파이프가 눈에 거슬리니 이를 중심으로 bar를 만든다. 탈 합판과 모자이크 타일, 가죽 등으로 7~8인이 모여서 놀 수 있는 home bar가 마련됐으니 이제 라이브 뮤직 파티를 해도 충분하다.

15

문짝 공사

　　지저분한 목제 출입문들을 처리해야 하는구나. 칠을 하자 하니 바탕이 너무 거칠고…. 예전에 역시 인테리어 관련 월간지에 아이디어를 기고하였던 그 방법을 쓰며 다시 한번 놀아보자. 마침 예전부터 가지고 있던 국내외 제품 천들이 여러 가지 있으니 이것들을 치울 겸 덮어 씌우자.

　실린더 손잡이를 분리한 후 천을 팽팽하게 당겨 스테플러로 고정해 나가니 한 폭의 캔버스로구나. 분무기로 물을 살짝 뿌리면서 붙이고 건조시키니 팽팽하다. 수직으로 서 있는 문짝이라 먼지 낄 일이 없다. 혹여 끼더라도 가끔 정전기 발생 먼지떨이로 스윽 훑어 주면 끝이다.

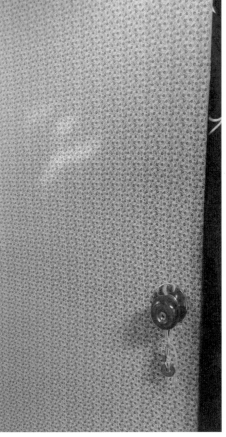

한지를 붙인 후 페인트용 잉크와
연필 스케치 위 바니스

크레파스 터치 위에 바니스

한지를 붙인 후 페인트용 잉크와 연필 스케치 위 바니스

주방 입구 문짝은 여러 가지 손때가 많이 묻을 듯하여 한지를 바르고 목제에 바르던 같은 페인트용 잉크를 희석하여 그림을 그려 본다. 산 능선을 따라 걷던 산행을 기억하며 패턴화한다. 기존에 있었던 싱크대 하부장을 이용하여 만든 신발장 문은 크레파스로 패턴을 그려 헌 싱크 문짝의 느낌을 최소화하려 했다.

주방 문짝 바로 옆에 만든 크레덴자의 문짝도 주방 문짝과 같은 분위기로 하였다. 천, 크레파스 상부 표면에는 투명 수용성 바니스를 도포하여 손자국을 방지한다.

　욕실 공사 편에서 소개하였던 벽장의 꼴라쥬로 처리한 문짝들도 지물포에서 구입한 도배용 풀로 잡지 조각들을 붙인 후 수용성 바니스를 도포한다. 우레탄 바니스를 바르면 내구성이 훨씬 더 있으나 시공 시 냄새로 인하여 완전 건조 시까지 약간의 환각까지 일어날 정도로 공사의 난이도가 높기 때문이다.

16
외장 공사

　플라스틱 골판 벽체에 석면 슬레이트 지붕, 전형적인 어중간한 옛날 시골 중하류층의 건축 마감 재료일 것이다. 어떻게 해야 경제, 시각, 기능적인 효과를 거둘 것인지 골똘히 생각한 결과 최대한 있는 재료를 존치하고 그 위에 새로운 재료를 덧대어 냉난방, 습도조절 기능의 보완과 철거 반출 비용 등을 줄이는 방향으로 가닥을 잡는다.

　플라스틱 골판재의 안쪽을 보니 시멘트 블럭 위에 시멘트 모르터 미장을 하여 그리 크게 손상되지 않은 채 있고 지붕 처마 선의 평행상태로 보아 부동침하도 없으니 진행해 보기로 한다.

미끄러운 벽면 위에 와이어메쉬– wire mesh 철망 제와 나이론 제가 있다. –를 촘촘히 붙인 후 미리 모르터 배합비를 잘 맞추어 판매하는 레미탈(ready mixed mortar)을 사용하니 혼자 일하기에 너무 편리하다. 물만 섞어 비벼서 바르니 옛날 현장의 미장공처럼 매끈하게 바르는 테크닉은 없어도 그 대신 나만의 표면 터치감을 마음껏 누리는 만족감이 더 크다.

촘촘하게 붙인 메쉬 위에 레미탈을 내 마음껏 바르고 터치감을 살려 이리저리 시도해 보니 재미도 있거니와 이제껏 미장공들이 행하던 작업에서 발견하지 못했던 새로운 테크닉마저 발견된다.

아마 미장공에게 이런 효과의 주문을 한다면 대부분 난감하게 생각하거나 심한 경우에는 내던지고 갈 수도 있는 것이 현실이다. 이 얼마나 마음 편한 상황인지, 복잡하던 머릿속은 일의 진척에 따라 서서히 맑아지고 벽체의 자유로운 터치는 활발한 모습인 채 굳어간다.

어떤 선사의 '단순한 작업의 연속 가운데에서 깨달음을 얻는다.'라는 글귀가 생각나며 깨달음까지야 아니더라도 의지와 관계없이 생각을 많이 하게 되니 깨달을 준비는 되는 듯하다. 반복되는 단순한 노동이 머릿속까지 단순하게 하지는 않는다는 커다란 경험도 얻어 본다. 묵묵히 일하던 그전 내 현장에서의 기능공들과 잡역부들의 머릿속에는 얼마나 다양한 상념들이 오갔을런지….

같은 위치의 모습 변화

레미탈 터치 후 같은 위치의 모습은 이렇게 다른 분위기를 연출한다. 시간이 지나서 저절로 자란 덩굴과 이름 모를 풀들, 그리고 나중에 다시 설명할 지붕 공사까지 더하게 되면 이미 옛 모습은 없고 새로운 형태로 자리 잡게 된다, 내가 바라는 나의 생활처럼….

본채의 벽면을 처리하고 나니 서서히 생겨나는 욕구가 점점 커진다. 없었던 대문, 대강 있었던 인접 땅과의 경계선, 그리고 무엇보다도 옛 우리나라 정서였던 이웃집 젓가락까지 알고 지낸다는 풍습 때문인지 왜들 그리 힘들게 찾아와서 참견하고 개인 생활에 대한 것까지 이리저리 묻는지, 특히 프라이버시를 중요하게 생각하는 나로서는 성가시어 경계를 확실히 하고 아무나 들락거리지 못하도록 해야겠다는 생각에 대문과 담장 공사를 시작하기로 한다.

　마침 분당의 모 웨딩홀 리모델링 공사 시 철거한 굵은 목재들이 아까워서 땅 넓은 이곳에 배달시켜 놓은 것을 기둥으로 삼아 여러 가지 목재들을 이용하여 대문을 만든다. 마을 사람들의 인성이 좋고 나쁨을 떠나서 수십 년을 다른 환경에서 지낸 사람들과 섞이기는 물과 기름에 비유할 정도다. 일반적인 상식으로 마을 사람들에게 인사도 할 겸 마을 이장을 찾아가서 인사를 드리겠노라 하고 막걸리와 돼지머리 등을 차려 놓고 마을회관에 모이게 하여 한바탕 큰절하고 신고하였건만, 시간이 지날수록 느껴지는 것은 구수함이 아니라 이해타산의 재빠른 머리 회전들이 보이더라는 것이었다.

　대학에서 교수였다는 것은 어찌 알았는지 (전입신고 시 직업란에 적은 것이 '혹시' 하는 생각도 해 본다.) "교수, 교수." 그러면서 같이 놀자 하고 시간이 좀 지나니 신입내(?)라 하여 몇 만 원을 받아 가며 이제는 같이 놀아줄 상대 자격을 얻었단다. 이거 원…. 내게는 단순한 그런 그들마저도 포용하여 같이 맞추어 줄 여유가 없다. 부딪치지만 말고 나만의 공간을 확보하자는 것이 담장과 대문으로 철저히 단절시키는 계기가 되었던 것이다.

외부 농사하는 사람들로부터 시선 차단을 위한 낙엽송 fence와 대문

역시 시선 차단을 위한 삼 나무 각재 fence- 외부에는 비닐 망

옛날 판잣집 또는 일본에서는 아직도 흔하게 쓰이는 낙엽송 판재 울타리와 삼나무 각재를 이용하여 만들어진 경계 터울, 그리고 개방감은 있되 함부로 열고 들어올 수는 없도록 만든 대문을 설치하고 나니 '그래도 나만의 공간'이라는 안도감이 든다.

내외부의 구분 없던 모습과 비교적 독립성을 갖춘 현재의 모습

이리도 황량하던 곳이 꽤 아늑해진 느낌이고 철 따라 확연히 구분되는 마당의 정취는 아파트 또는 빌딩 숲에서는 느낄 수 없는 맛이 있다. 이제 저 바닥에 깔아놓은 돌길에 관하여 이야기하려니 웃음부터 나온다.

마당은 그냥 잡풀밭이었다. 그러나 운 좋게도 그 잡풀이라는 것들이 알고 보니 대부분 먹거리였다. 식물도감 서적을 구하여 공부하고 방문객이 설명해 주는 사이 맛 좋은 참나물, 허브향 짙은 금전초 등이 즐비하여 그대로 두고 파스타 등을 만들어 먹을 때 또는 목살을 바비큐 할 때 굳이 채소를 따로 살 필요가 없어서 그대로 두었는데 그래도 주 출입 동선은 발자국에 눌리어 모양이 지저분한 채 길이 나고 있던 차, 마침 오가던 길목의 공사 현장 앞에 깨어진 화강석 판재들이 잔뜩 쌓여 있기에 현장사무실에 가서 그것들 건설 쓰레기반출용이라면 내가 가져가도 되겠냐 하니 얼씨구 좋다며 반가이 그러라고 한다.

버릴 때 꽤나 많은 비용이 드는 것을 나는 이미 알기에 물은 것이었다. 마침 트렁크가 넓은 벤이 있어서 그것으로 몇 번을 실어 날랐는지 모른다. 마당 길을 화강석 포도로 하겠다는 생각이 번득 들었기 때문이었다. 그는 반출 비용 줄이고 나는 마당 길 닦고, 도랑 치고 가재 잡는다.

십여 차례는 실어 나른 듯한 판석들

조금씩 리듬감을 주면서 자연스러운 흐름으로 깔아 나간다.

포도의 마지막 부분은 작은 놀이터를 구상하느라 원형으로 구획

이 돌판들의 크기를 보아가며 대부분은 미끄럼 방지하느라 무광 쪽으로, 가끔 어떤 것은 유광 쪽으로 포인트를 주어 가며 바닥 흙을 적당히 파고 다시 돌판으로 하나씩 덮어 나가기 시작하니 제법 모양새가 난다. 물을 뿌려가며 면을 잡아 나가고 돌판 사이는 자연 흙으로 자연스러운 줄눈을 다져나가니 유럽 뒷 골목길 같다고 자위하며 손가락 아픈 줄 모르고 밤늦도록 깔아 나가누나.

현재 모습

현재 모습

줄눈 사이에도 어김없이 씨앗이 날아들어 풀이 돋는다. 심하게 크고 억세게 자라는 곳이 많아 제초제를 뿌리기는 싫어서 굵은 소금을 줄눈 사이에 뿌려 놓으니 풀들이 어떻게 알고 그곳은 찾지 않는다. 나름 외장 공사를 해 나가며 담장, 벽체, 마당 돌길까지 해 놓으니 지붕이 눈에 거슬린다. 석면 슬레이트 지붕재는 환경에도 안 좋아 교체를 권장하며 신청자에게는 공사대금 일부 지원을 해주는 것을 알고 있지만 내가 원하는 그 모습은 아니다.

작금의 우리나라 시골 주택의 형태는 너무 획일적이라 싫다. 옛 시골의 초가지붕, 토속 기와지붕이 지금은 거의 사라져 가고 기와모양의 플라스틱제, 칼라강판, 슬라브 위의 초록색 우레탄 페인트 도장 등 일색이니 그저 유행과 대세를 따르는 건축문화가 식상하다. 어찌하여 우리나라는 유럽의 외곽 같은 전통을 이어가는 주택 건축양식이 드물고 대다수의 건축은 유행하는 몇 가지의 건축 마감에 대한 재료 중 선택해야만 하는지 이는 분명 건축 설계자와 허가공무원의 충분한 안내 미숙이 있겠고 건축물 주변 형상을 간과하고 서둘러 기술적인 법만 해결하면 되는, 어찌 보면 건축문화에 대한 시대적 죄를 짓고 있는 것이나 아닐런지….

사다리로 꽤 무거운 3.6m의 외피 목을 비닐 위에 방부목 각재를 놓고 아래에서부터 붙여 나간다.

이야기가 산으로 가는구나. 지붕 공사에 대하여 그 과정을 돌아보자.

부착 후 외피에도 오일스테인을 롤러용 붓으로 칠하니 제법 산장 느낌마저 든다.

재제소에서 목재를 재단하기 위해 처음에 외피를 적당한 두께(30~50mm 정도)로 벗겨낸 것을 따로 모아 판매한다. 흔히 산장이나 펜션, 카페 등 장식용 벽체용으로 많이 사용된다.

그러나 낙엽송 목재도 사계절 기후에 잘 버티지만 외피 층의 자연 방부성은 잘 모르는 듯하다. 물에 흠뻑 젖어도 해가 나면 어느새 원상회복이 되며 흡음성, 보온성까지 있는 훌륭한 건축재료임에도 그저 토속 느낌 드는 장식재로써나 이용이 된다. 지붕 면적을 산출하여 넉넉하게 운반하여 마당 한쪽에 쌓아두고 바람과 비를 맞히며 단련시킨다.

그대로 붙여도 되지만 그래도 벌레와 곰팡이를 방지하느라 스테인오일을 안쪽에 일일이 발라 다시 모아놓고 그사이 기존 지붕에 비닐을 테이프로 덮은 후 방부목 각재로 이리저리 억지로 고정시킨 후 판재를 하나씩 덮어 나간다. 일단 헌 지붕이지만 비는 새지 않고 비닐까지 덮었으니 어느 정도 틈이 있어도 괜찮다. 일단 뜨거운 햇살을 차단하니 흡음, 보온성에 더하여 그 역할이 자못 대단하다. 더욱 큰 역할은 지붕 위를 마음대로 돌아다녀도 깨어질 걱정이 없으니 엉금엉금 기어 다니지 않아서 다시 한번 신난다.

청계천 볼트 상회 아주머니가 내 얼굴을 알 정도로 여러 차례 구매하여 이만여 개의 목재용 스크류를 전동드릴을 이용하여 하나하나 박았다. 어디 스크류 뿐이랴, 연결철물도 돌아보니 만오천여 개는 소모되었다. 마침 기존 본채 바닥에 깔려 있던 비닐장판도 따로 버릴 필요 없이 나무껍질 밑에 깔아놓아 훌륭한 루핑 역할을 함과 동시에 분리배출을 하는 번거로움까지 해소하였다.

오일스테인을 롤러 붓으로 발라 나간다.

천창- top light -테두리는 방부목 판재로써 그럴싸하게 고정시켜 지붕 위를
걸어다닐 경우 경계를 명확히 하여 유리를 밟아 실내로 떨어지는 불상사를 막는
다. 외피 층은 굳이 오일스테인을 바르지 않더라도 천연 방부성이 좋지만 색채도
조금 진하게 할 겸 롤러를 이용하여 전체를 도포하니 껍질의 채도가 높아지고 내
구성 보완까지 더하게 되니 마음이 든든하다. 수 년에 한번씩 오일스테인을 바를
계획을 하며 지붕에서 내려온다. 이제 저 위에 자연 넝쿨과 장미, 찔레 등이 올라
가 어우러지면 제대로 완성이다.

17

주방공사

기존 주택 본체 주방

🔍 첫 번째 공사

처음에 주방에 들어가 보니 엄두도 나지 않는다. 나의 키가 작은데도 불구하고 개수대에 서니 허리를 굽혀야 할 정도로 낮다. 아마 그 전에 사시던 꼬부랑 할매의 높이에 맞춘 모양이다. 나 원 참, 살다가 내가 허리를 굽혀야 하는 싱크대를 다 만나다니 신기할 따름이다. 아무리 망했어도 이대로는 못 산다.

그러나 일단 이것들이라도 응용하여 하나씩 개선해 나가자. 다른 일은 나 홀로 하여도 주방가구의 일만은 임시 조치를 하여 생활하다가 기본적인 정리가 되었을 시에 주문하여 설치하기로 마음먹는다.

주방 공사 편은 두 단계로 나누어 공사를 진행하자. 1차 나 홀로, 2차 주문 설치 방식이다. 우선 필수시설인 개수대, 조리대, 프로판 가스대를 존치시키고, 24시간 송풍을 시켜 항시 공기 순환을 시킨다는 원칙을 세우고 헌 주방 기구들을 분류하여 존치와 제거의 일을 시작한다.

기존 싱크대 하부장

싱크 가구 문짝은 떼어버리고 오픈시켜 퀴퀴한 냄새 발생을 막기로 한다. 벽체의 지저분한 타일과 개스대 등을 제거하고 가지고 온 수입제 식기세척기, 오븐 등이 어째 영 조화가 되지 않지만 일단 빌트인 방식으로 억지로 끼워 넣는 데 성공한다.

욕실과 마찬가지로 눈에 뜨이는 벽면은 무조건 꼴라쥬와 바니쉬 마감으로 처리 한다. 세검정 저택의 대리석 테이블 세트로 있던 목제 식탁 의자는 어느새 작업용 보조 의자로써 변화된 주인의 모습처럼 역할을 바꾼 지 오래다. 협소한 주방을 모양 차치하고 기능적으로 하기 위하여 최대한 많은 선반과 보조장들이 필요하기에 본채와 스튜디오 작업 부산물 및 헌 수납장들을 끌어모아 배치하기 시작한다. 육송, 낙엽송 각재들, 중소 수납장들, 탈 합판 등으로 재탄생의 시동을 다시 건다.

지저분한 것은 제거됐으나 더욱 복잡해진 주방

억지로 빌트인 시킨 세척기와 오븐, 그리고 상자들과 각재로 만든 선반들

전체가 복잡하니 그냥 복잡한 한 덩어리로 통일감을 이룬다.

전면에 보이는 싱크대 하부 문짝은 떼어내고 상부 캐비닛 문짝은 그대로 존치시키지만 그대로 둘 수가 없어서 문짝에 비구상 패턴을 신나게 그려 넣었다. 복잡한 주방이 더 복잡하게 되어 차라리 '복잡함의 통일성 추구' 방식이다. 하나하나 명확히 눈에 드러나 개체의 형태들이 따로따로 명확하게 보일 때 더욱 복잡하게 느껴지는 것이니 아예 뒤섞는 방식이다.

설계실에서 쓰다 남은 골판지와 각재로 천장에 패턴을 형성하고 거실을 관통하여 외부로 배출되는 페치카의 연통이 나름 하나의 오브제로 존치하며 겨울엔 연통의 잔 열이 주방을 데우는데 한몫도 하며 자리매김하고 있다.

Q 두 번째 공사

시각적인 면은 그렇다 치고 내 키가 아무리 작아도 허리를 굽히고 주방일을 하는 데 한계를 느껴 어느 정도 본채와 스튜디오 공간이 정리되었으므로 싱크대 일부분을 외부로 발주하기로 하는데, 주방가구 업계 지인들도 많지만 모두 큰 프로젝트만 하던 업체들이라 이 작은 집을 위해 할 수도, 할 줄도 모를 것이라는 생각 등이 머릿속을 맴돌아 오가며 본 적이 있는 '싱크대 공장' 팻말을 보고 찾아가 보니 마침 동네가정집을 위한 제작 공장을 만나게 되었다.

무조건 규격을 알려주고 주문하다 보면 기존의 싱크대와 같은 제품이 나올 것이 뻔한 현실. 일단 전체 치수와 설치장소를 알려주고 맞춤 가능 여부를 물으니 '어서 옵쑈'이다, 예상대로. 흐흐. 일단 가구 표면 재 샘플카다록을 가져와 실측 후 제작도면을 스케치하고 다시 방문하여 실무자가 설치를 위한 실측을 하게 한 후 공사비를 정하고— 예전의 사업체 운영 시에는 상상 못 할 저렴한 가격이다. — 시공 날짜를 기다리며 기존 싱크대 상부 장에 그려놓은 문짝은 고이 떼어 하나하나를 캔버스의 그림처럼 대우하며 스튜디오에 걸기로 한다.

작품성에 가치를 부여하는 것이 아니라 옛 시간을 항시 기억하자는 마음에 새기자는 뜻이 크다. 그래도 이 정도 정돈이 되어가고 설계업무와 음악과 운동 등으로 편하여진 마음에 주방가구까지 주문하고 나니 혼자서 끝까지 시공하기로 한 약속에서 조금 벗어났지만 그래도 혼자 시공한 주방에서 꽤 긴 시간을 생활했으니 봐주기로 한다.

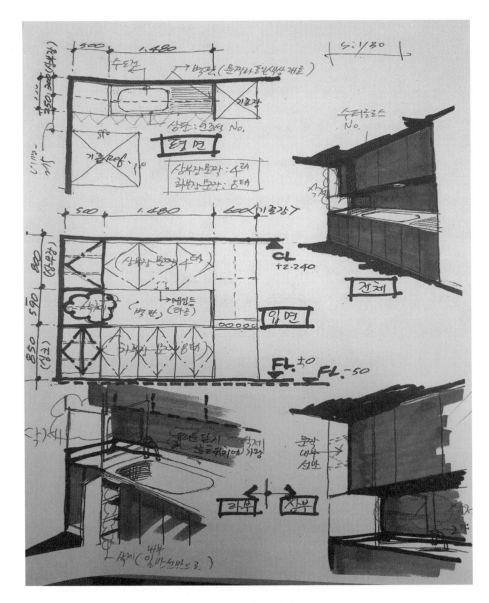

제작 오더용 스케치

실측하여 공장장에게 직접 전달해 준 작업지시 도면 겸 스케치이다. 옛날 실무에서 뛰던 때에 현장에서 직접 free sketch 하던 식으로 슥삭 그려주니 이 정도로 흠칫 놀라는 걸 보아 도면 없이 전체 치수와 마감 재료 색상만 알고 자기네의 고유 방식대로 일하는 곳이라는 느낌이 확 다가와서 내심 불안한 느낌이 들었다. 잘 달래고 너무 참견도 하지 않으며 기분을 북돋아 주어 일하는 분위기를 챙겨주기로 맘먹는다.

나머지 집기들은 존치한 후 기존 싱크대만 교체하였다.

식기세척기 위의 수납장은 문짝만 따로 주문하여 교체하니 제법 한 세트를 이룬다.

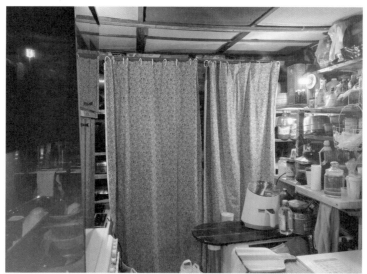

복잡한 선반과 소품들을 천의 개폐식 간이 커튼으로 만들어 시각적 정리

오픈된 주방임에도 이전처럼 그리 산만하지 않게 되었다.

전문제작자의 손이 확실하게 다르다는 것을 실감한다. 말은 구조적이지 않고 다소 뚜웅하지만 재료와 형식을 제대로 전달해 주면 온전히 나오기 마련인가 보다. 예상했던 것보다 깔끔하게 나왔다. 뜯기어져 나가는 옛 싱크대의 모습에 약간의 회한이 스쳐 갔지만 이내 정신을 차린다.

시골에서는 잘 안 쓰이는 색상이라 그런지 세팅하면서도 조금 불안해하는 모습에 약간의 칭찬을 곁들여 주니 일손들이 신나게 돌아간다.

주방 입구 문틀 위에는 목재 봉을 설치하여 매달리기 운동 용도로 쓴다. 대리석 식탁에 앉아서 마주 보이는 파르스름한 하이글로스의 싱크대는 이제 정리가 어느 정도 다 되었다는 것을 이야기하는 듯하다.

18

guest room 공사

평면계획에 원래 침실이었을 듯한 방에 식탁을 배치하다 보니 본채에 침실이 하나밖에 없게 되어 침실을 하나 더 만들어야겠다는 생각은 안정되어 가는 마음이 만들어내는 욕구다. 처음에는 영국에서 유학 생활을 마치고 돌아온 아들이 기거할 방을 하나 더 마련하겠다는 뜻이 있었는데 이제는 독립하여 잘살고 있으니 그냥 게스트룸이나 나의 침실로 쓰기로 한다.

스튜디오 공사를 해 본 경험이 있으니 더욱 재빠른 솜씨로 역시 샌드위치 패널 공법으로 시작한다. 척 척 삽으로 땅을 고르고 쇠 파이프 기초 말뚝을 박고 footing을 하는 공정에 전혀 무리가 없다. 한 번 해 봤다고 이리 속도가 날 줄 예상도 못 했다. 벽체를 평면 계획도에 의하여 세우고 지붕을 얹히고 바닥 방습 비닐을 까는 등 스튜디오의 시공 프로세스를 그대로 답습한다. 단, 바닥 마감만은 열선을 깔고 미장을 하여 본채의 마감과 동일한 느낌을 주기로 한다.

북서 측에 면한 방이라 온종일 빛이 안 들고 어두운 탓에 천창을 여러 곳에 낼 아이디어를 낸다. 침대에 누워 달의 움직임과 눈과 비 그리고 사방에 솟은 나뭇가지와 바람에 흔들리는 잎새의 향연을 저쪽 침실보다 더욱 느낄 수 있도록 해 보자.

천창을 뚫은 후 천장과 지붕면의 두께에 의해 생겨난 측면에는 거울로 반사경을 사방 설치하면 달도 여러 개 뜨며 일몰 전에는 어두울 틈이 없다. 거실 천창과 같이 천 두루마리 커튼으로써 닫기 전에는 눈이 부실 정도로 밝다. 세검정 주택 설계 시 자연 채광을 위해 향을 과감하게 바꾸는 아이디어를 낸 적이 있는데 그것은 대형 스테인리스 거울을 빛이 들어오지 않는 구릉 면에 세워 거울 속에서 해가 뜨는 것이었다.

거울(반사경)은 용모만 비추는 게 아닌지 오래되지 않았던가? 만화경, 망원경, 현미경 등, 이미 개발된 물건들의 적절한 응용은 건축설계에서 필수적이다

스튜디오 바닥 공사의 디테일과 같이 쇠 파이프 파일에 시멘트 블록 footing 배치를 한다.

바닥 전체에 방습용 비닐을 1차 깐 후에 낙엽송 각재로 바닥 울거미 틀을 방바닥의 형태로 설치한다.

수평을 맞추어 가며 낙엽송 울거미 틀을 만든 후 스티로폼을 하나씩 끼운다.

다시 비닐 도포 후 중고 12mm 합판을 덮고 구멍 난 부위는 철판 등으로 떼운다.

울거미 틀 안에 스티로폼을 잘라 끼운 후 그 위에 다시 비닐을 한 겹 더 씌우고 중고 합판을 덮는다. 중고 합판은 시멘트 부산물 등이 붙어 있는데 이것이 오히려 그 위에 레미탈 미장의 부착력을 더 좋게 하기에 새 합판보다 훨씬 유리하다. 방바닥의 형태로 바닥 기초 틀이 완성되었으니 이 위에 벽체와 지붕을 얹으면 되겠구나. 비닐을 이중으로 깔고 합판도 덮었으니 비가 와도 문제 없다.

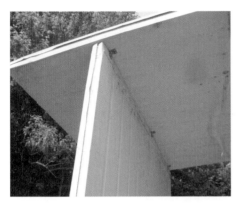

바닥 판 위에 패널 벽체와 지붕을 같이 엮어 나간다.

지붕용 패널은 기존 슬레이트 지붕면 아래에 끼워 맞추어 빗물이 원활하게 흐르도록 한다.

벽체를 잠시 잡고 세워줄 조수가 없이 혼자서 하는 작업이라 일일이 버팀대로 임시 고정을 한 후 다음 작업으로 연결이 되니 더디지만 그래도 '속 편한 것이 좋다.' 하며 차분하게 진행해 나간다. 이제는 이러다가 제대로 된 콘크리트 건축물까지도 할 수 있겠다는 자신감마저 붙는다. 철근 배근 까지도 보았던 대로 억지로야 할 수 있겠지만 참기로 하고 그냥 경량 패널로 그치기로 한다.

이중 방한 방서를 위해 지붕은 50mm 패널을 그대로 얹히고 하부에 다시 단열재를 끼울 것이다.

패널 이음새로 누수가 될 경우를 대비하여 홈통을 끼워 놓는다.

천장 면 군데군데의 플라스틱 홈통은 혹시 모를 천장 패널 이음새에서 빗물이 샐 것에 대비하여 이음새 직하부에 미리 홈통을 매달아 놓고 외부로 연결하여 빠져나가게 하는데, 벌이나 곤충 새 등이 그리로 타고 들어오지 못하도록 끝부분에는 방충망을 감싸주기로 한다. 기본적인 틀이 완성되었으니 이젠 출입문을 내어 본채와 연결시키자.

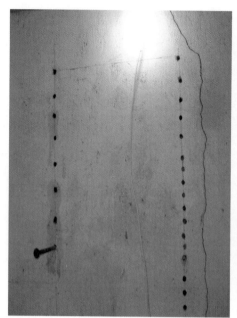
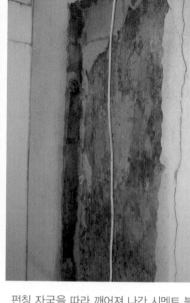

문틀 너비에 맞추어 펀칭

펀칭 자국을 따라 깨어져 나간 시멘트 블록 벽체

외부에 면한 벽체를 뚫어 게스트룸 입구를 만드는 중이다. 무식하게 정과 해머 하나로 시멘트 블록 벽에 여러 개의 펀칭 자국을 내고 다시 해머로 깨어 나가면 구멍이 있기에 벽체의 손상이 다른 곳으로 퍼져나가지 않는다. 미리 구입해 놓은 목재 문 세트의 규격으로 뚫어 나간다. 규격보다 약간 여유를 두고 뚫은 후 문틀을 넣고 자투리 목재 등으로 임시 고정 후에 시멘트 모르터를 채워 넣으면 의젓한 '방문'이 될 것이다.

방문이 생겼다. 외벽이던 곳이 이제는 내벽이 되었다. 헌 문짝만 파는 곳을 수
배하여 문틀과 문짝 세트를 구입한 것이다. 여유 있게 뚫어놓은 구멍에 통째로
끼워 넣고 자투리각목 등으로 수평과 수직을 잘 맞춘 후에 레미탈 모르터를 채
워 넣으니 멀쩡한 출입문이다. 실내의 모습이 마감될 때에 문짝의 마감 상태도
달라질 것이다.

스튜디오와 달리 난방용 전열선을 깔기 때문에 바닥은 시멘트 모르터 바탕 미장을 하였다.

난방용 열선을 깐 후에 다시 미장을 한다 난방열 조절기 부착

처음 시도해 보는 전기 난방공사인데 판매처에서 상세한 설명을 듣고 그대로 하니 자동으로 온도 조절 등 작동되는 것이 신기하고 반갑기만 하다. 자주 집을 비워야 하니 온수보일러는 낭비이고 필요시에만 작동하니 관리비용도 적게 든다. 이제 구조체와 기본 기능을 갖추었으니 마감처리를 할 차례이다. 본체의 마감 상태에서 연장된 분위기의 연출을 하자.

벽체와 천장은 stucco 분위기의 핸디코트, 바닥은 황토분 바르기 위 우레탄 바니쉬 4~5회 마감, 그리고 천창과 조명설비만 하면 끝이다. 어쩌면 이 방이 가장 아늑한 공간이 될 수도 있겠다고 기대한다.

좁지만 잠 잘 오고 천창 커튼을 오픈하고 자면 일찍 깰 수 있다.

좁지만 구멍을 뚫어 설치한 본체와 연결되는 방문이 원래 있던 것처럼 의젓하게 붙어 있다.

천창– 달이 어느 쪽에서 뜨는지 또는 몇 개인지 반사경의 마술이 재미있다.

두루마리식 천창 커튼을 드리우고 늦잠을 자기도 한다.

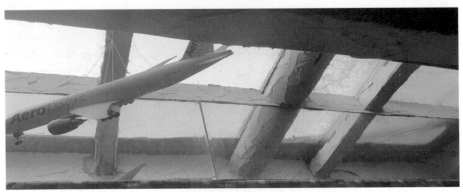

비행기를 좋아하는 것은 어린이 때와 똑같아서 이쪽 하늘에도 한 대 띄운다.

목제 봉으로 족자처럼 만들어 손으로 둘둘 말아서 고리에 걸치면 하늘을 막는다.

긴 천창은 중간 부위만 가림막을 쳐도 상당 부분 어두워진다.

침대에 누워 뉴스와 영화를 보기 좋은 각도로 배치하였다.

아무래도 이 방이 잠자기 좋아서 본 침실로 바꾸었다. 오래전부터 TV를 거실에 배치하는 것을 반대하던 입장이 여기서도 마찬가지이다. 가족끼리건 손님이와 있건 TV는 늘 켜 놓고 무의식적으로 주의를 끌며 대화의 방법을 잃게 하는데 한몫하는 TV는 잠자기 전, 또는 작정하고 원하는 프로그램을 시청하는 데에서나 쓰였으면 좋겠다는 생각에 항상 침실에만 배치하는 습관이 있다.

주택 프로젝트의 경우 AV room을 권장하기도 한다. 제대로 된 방음 설비된 곳에서 몰두해서 보거나 듣는 것이 좋지않겠냐는 의견을 내면 긍정적인 경우가 많다. 요즈음 TV는 싼 것들도 컴포넌트와 연결되는 시스템은 다 갖추어진 세상이라 조금만 신경 쓰면 쉽게 즐길 수 있다.

이 시골에서도 재즈와 클래식을 맘 놓고 골라 들을 수 있어 TV 아래에 우퍼스피커까지 놓으니 처박아 놓은 오디오를 굳이 안 꺼내어도 풍성한 선율을 흘릴 수 있다.

19

기타 여러 가지 장식물

거실과 욕실 한쪽 구석에 난방기구를 만들었다. 아들의 유학 생활 기숙
사가 있는 학교에 입학하기 전 짧은 영국 생활 시절 250년 된 주택을 임대하여
잠시 서울과 영국을 오가며 지낸 적이 있었다. 그때 그 주택에서 가장 기억 남
는 것 중 하나는 사계절 24시간 가스로 난방 겸 취사를 겸하는 무쇠로 된 아가
(aga) 화덕이었다.

1922년에 노벨물리학상을 받은 스웨덴 사람이 개발한 것이라는데, 아무튼 이 화덕은 도시가스로 24시간 달구어져 있어서 언제나 따끈한 음식을 쉽게 만들 수 있었던 기억이 나던 차에 그 개념을 컨닝하여 무쇠는 아니지만 늦가을이나 겨울에 화강석을 이용하여 열을 축적시켜 그 위에서 간단한 빨래를 말리거나 주전자에 차를 넣어두면 집안에 은근한 향이 돌게 할 수 있는 전기 화덕을 후다닥 만들었다.

500W 열풍기를 놓고 둘레에 시멘트 블록으로 경계벽을 만들어 실리콘으로 고정시켜 세우고 상판에는 화강석을 얹으니 이거 은근한 무공해 난방기구다. 내 생각대로 가습기를 안 쓰고 주전자에 물을 넣어 여러 가지 차를 넣고 그냥 얹어두니 실내 향도 좋다. 무를 썰어 위에 올리고 하루 이틀 지나면 무말랭이가 될 정도로 은근하며 강하다.

하여튼 버려질 수 있는 박스류나 남는 나무토막이라도 있으면 어떻게 해서든지 선반을 만들고 장식물을 만들어 붙인다. 미니멀(minimal)한 것을 좋아하는 사람은 싸악 다 버릴 것들이겠지만 이 공간은 어차피 그러기에는 어울리지 않는다. 그렇다고 내가 맥시멀리스트(maximalist)도 아니다. 그냥 이것들에는 옛 숨결들이 녹아 있기도 하고 어우러지는 것들이라고 생각이 되기에.

　전에도 언급했지만 어릴 때부터 비행기를 워낙 좋아해서 오래전부터 비행기를
타면 거의 탑승한 비행기 모형을 구하는 게 습관이 되었었다. 그 비행기들을 공
간이 생기기만 하면 매달아 미처 다 날아가 보지 않은 그곳을 향하고 싶은가 보
다. 낚시줄로 방향과 무게중심을 잡고 천장에 고정할 때에는 사뭇 진지하다. 비
행기 회사를 보며 어디를 갔었는지 기억도 더듬으며 다시 또 계속될 탑승일을
기대한다. 이제 조만간 끝날 코로나 유행병이니 여행은 멈추지 않을 것이다. 그
러나 비행기는 그만 살 것이다.

　　욕실로부터 알루미늄 난방용 파이프를 땅을 파고 묻어서 지하수를 연결하여 안에서 꼭지만 틀면 마치 옹달샘에서 물이 샘솟듯 하는 작은 연못이다. 오버되는 물의 배수관은 따로 연결하여 주방에서 배출되는 하수관에 연결하였다.

　　앞쪽으로 비닐을 덮고 방수 처리한 긴 연못이 있었으나 한겨울 강추위에 못 견디고 바닥이 깨지는 바람에 흙을 덮어 묻어 버렸지만 이 원천(?)만은 살리기로 하였다. 긴 연못물이 이곳으로부터 나갔기에 원천이라고 부르는 것이다. 아침마다 동네 새들이 몰려와 목욕하고 물 마시는 모습이 그림이다. 여름철 객이 올 때에는 수박이나 맥주캔을 담궈 놓고 제법 천렵 흉내도 낸다.

　지붕 공사용으로 들여온 판재 중 너무 두꺼워서 못 쓴 판재 두 개를 따로 보관하여 자연 건조시킨 후 바비큐 테이블 상판으로 만들었다. 지지대는 너무 자라서 잘라낸 통나무의 모양이 좋고 아까워서 생긴 그대로 높이만 조절하고 오일스테인을 듬뿍 발라 수십 년은 쓸 수 있겠다. 상판은 그라인더로 갈고 물에 강한 우레탄 바니쉬로 여러 차례 코팅하였다.

　본채 출입문에 담장이가 패턴을 이루고 있다. 헌 문짝에 모 화백의 그림이 좋아서 대강 모사를 하였더니 담장이가 그림을 덮어 모사한 것을 감추어준다. 겨울철 출입이 잦아 마른 줄기임에도 여닫을 때 생명줄이 안 끊기는지 봄이면 항시 살아나는 것을 보게 된다.

　샌드위치 패널을 사 올 때 덤으로 얻어온 화목 난로는 마당 구석에서 낙엽과 잔가지 등을 화재 위험 없이 태울 수 있도록 연통을 달아 설치하니 여름철엔 모깃불로 가을에는 구수한 이효석의 낙엽 태우는 냄새 만들기로 그만이다.

epilogue

건축 전문지도 아니고 세련된 수필집도 못 되는 이 기록물을 세상에 내놓으려니 '망한 사람이 뭐 잘한 것이 있어 이리 찍어 내느냐.'라는 소리가 들릴 것도 같고 또 자성도 된다만, 서두에 언급하였듯 나 혼자만의 일은 아니기도 하고 망하는 것이 결코 훈장이 될 수는 없지만 작정하고 '계획적 부도'를 내는 악한이 아니라면 꺾이지 말고 한번 일어나 보자는 망한 동료에게 보내는 권고의 의미도 있다.

또 이왕 간이 건축 프로세스를 소개하는 것이니 임시 거처나 쉼터를 가지고 싶은 일반인들에게 일종의 가이드 역할도 될 수 있으리라 본다. 예전에 H 건축잡지에 일반인들을 위한 '내 손으로 꾸미는 인테리어 아이디어' 소재들을 연재하여 호응을 얻었던 것이 힘이 되었던 연유이다.

'망한 건축가 다시 일어서기'라는 다소 자극적인 제하의 내용대로 다시 사업가로 우뚝 선다는 내 자랑이 결코 아닌 것은 독자들이 이미 눈치챘으리라 본다. 반드시 돈을 좇아 일어서기라면야 나의 전공에서는 비록 사업에 수완은 없지만 리모델링, 시공 등 얼마든지 방향이 있겠으나, 늦었지만 이제쯤 와서 나의 능력을 보니 시공 쪽은 부족하고 진정한 건축인으로서 차분하게 살아가며 한 계단씩 오르다 보면 혹시 사회에 진 빚 갚기는 물론 좋은 여러 가지 일에도 한몫할 수 있는 기회가 찾아올 수도 있지 않겠냐는 바람이 점점 진해져 가기 때문이다. 이는 눈앞에 보이는 시공의 유혹- 능력있는 사람들에게는 유혹이 아니다. 자칫 시공은 나쁜 것이라는 오해를 부를 수 있어 부연한다. 내 능력과 적성을 말하는 것이다. -을 물리치고 순수한 설계와 감리작업을 통하여 강하게 얻은 일종의 영감(inspiration)이다. 많이 쉬었으니 프로젝트에 충실하며 십수 년 전부터 연구하다 그친 다가구주택 또는 아파트의 층간 소음 문제를 재료로써가 아니라 구조적으로 해결하려던 것과 도심의 고가도로 하부를 상업적 공간(sky shopping mall) 또는 주거 공간으로 활용하려던 나의 계획들을 하나씩 구체화 시키는 작업도 하자. 자 이제 출판사에 맡기자. 표지디자인도 해야겠다.

수십 년 동안 뉴욕 맨해튼에 살며 오빠의 허물들을 덮어주고 북돋우며 믿어만 주는 명혜와 남편 석봉형(초등학교 선배이자 매제)에게도 이 이야기들을 보내고 싶은데 책이 잘 만들어지면 좋겠다.

2022. 가을

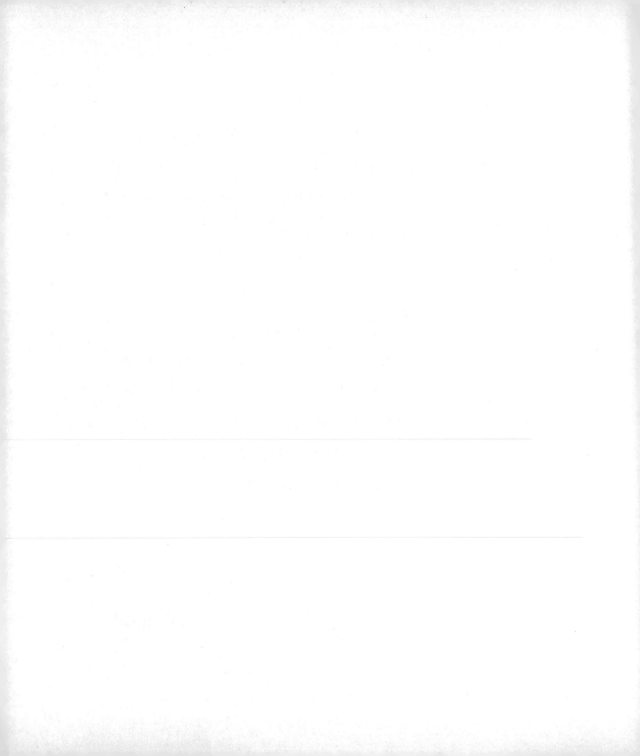